KB272555

Programming Your Home

Making
Insight

PROGRAMMING YOUR HOME
by Mike Riley

뚝딱뚝딱 우리 집 프로그래밍

초판 1쇄 발행 2013년 7월 12일 **2쇄 발행** 2014년 1월 15일 **지은이** 마이크 라일리 **옮긴이** 염경민 **펴낸이** 한기성 **펴낸곳** 인사이트 **편집** 김민희 **제작 · 관리** 이지연, 박미경 **표지출력** 소다미디어 **본문출력** 현문인쇄 **용지** 월드페이퍼 **인쇄** 현문인쇄 **제본** 자현제책 **등록번호** 제10-2313호 **등록일자** 2002년 2월 19일 **주소** 서울시 마포구 서교동 469-9 석우빌딩 3층 **전화** 02-322-5143 **팩스** 02-3143-5579 **블로그** http://blog.insightbook.co.kr **이메일** insight@insightbook.co.kr **ISBN** 978-89-6626-077-5 이 책의 정오표는 http://www.insightbook.co.kr/175664에서 확인하 실 수 있습니다. 이 책의 국립 중앙도서관 출판시도서목록(CIP)은 서지정보유통지원시스템 홈페이지(http://seoji.nl.go.kr)와 국가자료공동목록시스템 (http://www.nl.go.kr/kolisnet)에서 이용하실 수 있습니다.(CIP제어번호: CIP2013010204)

우리 집 프로그래밍

마이크 라일리 지음 | 염경민 옮김

차례

1부 준비하기

1장 시작하기 전에   3

2장 필요한 요건들   15

7장 웹과 연결된 전원 스위치   123

8장 커튼 자동화   147

3부 부록

초등학생 때 인근 문화교육센터에서 인두기를 처음 접한 후, 납땜과 DIY 가 취미가 되었습니다. 어린 시절 내내 여러 종류의 전자제품을 분해 및 재 조립하고 그 작동 원리를 이해하면서 짜릿한 즐거움을 느꼈습니다. 학업 에 시달리면서도 이러한 취미 생활에 대한 열정은 식지 않았고, 지금도 무 언가를 직접 만들어 보고, 그것을 실생활에서 활용해 보는 것을 즐겨하고 있습니다.

자기 자신이 직접 만든 물건을 실생활에서 유용하게 사용하고, 남들에 게 그 작품을 보여주면서 자랑하는 일만큼 즐거운 일은 드물지요. 무엇보 다도 직접 만드는 물건은 개개인의 필요와 취향에 직접 맞추어져 있기에, 여러 사람의 필요와 취향에 맞춰서 생산되는 기성품과는 전혀 다른 면모 를 보여줍니다. 또한, 이익을 위해서 생산 단가를 최대한 적게 들여서 만드 는 기성품과는 다르게 고급 자재를 사용해 성능을 최대한으로 끌어낼 수 있기도 합니다. 이러한 매력들이 사람들로 하여금 DIY에 도전하도록 하는 것이 아닐까요?

이 책은 실생활에서 유용하게 사용할 수 있는 작품을 직접 만드는 프로 젝트들을 소개하고 있습니다. 각 프로젝트는 만드는 방법을 상세하게 설 명해놨기 때문에 순서대로 따라 하면 자신만의 작품을 완성할 수 있습니 다. 또한, 제작 과정에 자신의 아이디어를 반영할 수도 있어 자신만을 위한 독창적인 작품을 만들 수도 있습니다. 프로젝트들 대부분은 마이크로컨 트롤러 보드인 '아두이노'를 기반으로 설명하고 있습니다. 이 책의 프로젝트에서 주로 다루는 '아두이노'는 예전에 흔히 사용되어오던 개발 보드인 'ATMega'에 비해, 프로그래밍 비전공자도 손쉽게 사용할 수 있는 보드입니다. 그러므로 DIY나 프로그래밍에 대한 깊은 지식을 가지고 있지 않은 초보자라도 이 책의 내용을 이해하고 따라 할 수 있을 것으로 생각합니다.

이 책을 번역하면서 프로그래밍에 대한 부족한 배경 지식을 채우기 위해서 관련 자료를 찾아보고 실습을 하기도 하였습니다. 그러다 보니 시간이 다소 지체되었습니다. 그럼에도 불구하고 인내를 가지고 꾸준히 독려해주신 김민희 편집자에게 감사드립니다. 이 책을 번역할 기회를 주신 한기성 대표님께도 감사드리며, 바쁜 와중에도 프로젝트에서 다루는 코드의 주석에 대해 검수를 해 준 강동원 군에게도 감사의 말을 전하고 싶습니다. 또한, 트위터를 통해서 작업에 도움을 주신 여러 지인에게도 감사의 인사를 드립니다.

독자 여러분도 이 책을 통해 여러 가지 프로젝트를 경험하고, 자신만의 독창적인 작품을 제작하면서 많은 즐거움을 느끼기를 바랍니다.

염경민

저는 일생 동안 팅커러^{tinkerer}로 살아왔습니다. 어렸을 때 뜯어본 아버지의 망가진 테이프 녹음기 속에 들어있던 기술들은 제게 크나 큰 환상을 주었습니다. 그 이후로 과학상자, 모형 철도, 프로그래밍이 가능한 계산기에서부터 컴퓨터, 마이크로컨트롤러까지 다루게 되었습니다. 기기들이 어떻게 작동되는지 알아보는 것에서 만족하지 않고 더욱 심취하다가 기술들이 재조합되어서 놀랍고 만족스러운 결과를 내놓는다는 사실을 알게 된 저는 전율감을 느꼈습니다. 그러한 경험을 바탕으로 이 책을 쓰는 일은 제게 큰 즐거움을 주었습니다.

이 책의 최종 목표는 독자들이 자신의 주변을 살펴보면서 바꾸고 싶다고 느낀 부분을 기술을 통해 개선하여 삶을 좀 더 편하게 만들고, 그 과정을 즐길 수 있도록 도움을 주는 것입니다. 만약 제 생각을 풀어내는 과정에 도움을 준 분들이 없었다면 이 책을 쓰기란 불가능했을 겁니다. 그 도움에 대한 감사의 말을 여기에 남깁니다.

이 책의 편집자인 재키 카터^{Jackie Carter}에게 가장 감사합니다. 카터는 제가 쓴 글이 의미를 분명하게 전달하도록 오랜 시간을 들여서 편집해 주었습니다. 교열 담당자인 몰리 맥베스^{Molly McBeath}는 제가 발견하지 못했던 오탈자와 문법적 오류를 훌륭하게 발견하고 고쳐 주었습니다. 이러한 책을 낼 수 있도록 도움을 주고 큰 관심으로 격려해 주었던 수산나 팔저^{Susannah Pfalzer}와 그녀의 동료 저자인 마이크 슈미트^{Maik Schmidt}에게 감사합니다.

몇몇 프로젝트에 사용되는 코드를 리팩터해 준 존 와이넌스^{John Winans}에게 감사를 드립니다. 또한, 스벤 데이비스^{Sven Davies}, 마이크 벵슨^{Mike Bengtson},

존 베어스코브^{Jon Bearscove}, 케빈 기시^{Kevin Gisi}, 마이클 헌터^{Michael Hunter}, 제리 쿠크^{Jerry Kuch}, 프레스턴 패튼^{Preston Patton}, 토니 윌리아미티스^{Tony Williamitis}는 이 책의 기술적 오류 여부를 검사해 주었습니다. 계속 응원을 해준 존 에릭슨^{Jon Erikson}과 존 쿠르츠^{Jon Kurz}에게도 감사합니다. 이 책의 원고를 읽고 피드백을 해준 밥 코크런^{Bob Cochran}와 짐 슐츠^{Jim Schultz}에게도 감사합니다. 좋은 음악을 제공해준 필립 에이버그^{Philip Aaberg}에게도 감사의 말을 드리며, 아두이노와 Fritzing 프로젝트에 관계된 분들에게도 세상을 더 낫게 바꿔준 것에 대해 감사드립니다.

몇 달 동안이나 제 방에 틀어 박혀서 가족도 신경 써주지 못했는데, 이 책을 쓰는 것을 허락해준 제 아내인 매리넷^{Marinette}과 가족들에게 고맙습니다. 그리고 이 책에 들어간 삽화를 그려준 제 딸인 매리엘^{Marielle}이 너무나도 자랑스럽습니다.

마지막으로, 뜨거운 열정과 미래를 보는 안목이 있던 데이브 토마스^{Dave Thomas}와 앤디 헌트^{Andy Hunt}에게 찬사를 보냅니다.

마이크 라일리(mike@mikeriley.com)

일리노이주 네퍼빌에서, 2011년 12월

신 나고 재미있는 가정 자동화의 세계로 온 것을 환영합니다! 이 책은 '집'이라는, 그저 소유주를 외부로부터 보호하는 단순한 기능을 가진 존재를, 다양한 기능을 갖춘 디지털 도메인으로 만들 수 있도록 도움을 줄 것입니다. 이 책에 수록된 간단한 프로젝트들을 시행해 보면서 많은 것을 배우고, 결국은 본인의 취향에 맞는 디자인의 가정 자동화 프로젝트를 진행할 수 있습니다.

이 책의 주요 목표는 독자들이 '가정 자동화'에 흥미를 느끼도록 하고, 더 나아가 자신만의 생각을 하고 이것을 토대로 독창적인 작품을 만들어 낼 수 있도록 하는 것입니다. 이 책에 수록된 프로젝트는 초보자라도 쉽고 간단하게 따라 할 수 있도록 최대한 자세하게 과정을 설명했습니다. 만약 자신이 직접 제작한 프로젝트가 인기를 끌게 되면 가정 자동화를 고려하고 있는 다른 사람들에게도 큰 도움이 되겠지요.

이 책을 읽어야 할 사람은?

이 책은 DIY Do-It-Yourself 를 하는 사람, 프로그래머, 그리고 직접 생각하고 만드는 것을 즐기는 사람을 위한 책입니다. 특히 자신에게 필요한 기술을 직접 제작하고 전기/전자적인 해결책을 찾는 사람들에게 더욱 알맞습니다.

아두이노나 루비와 같은 프로그래밍 언어에 대한 기초적인 지식을 익히고 나서 이 책을 읽기를 권장하지만, 모른다고 해서 크게 문제가 되지는 않습니다. 이 책에서는 가정에서 쓰일 수 있도록 여러 가지 기술을 조합한 프로젝트를 진행합니다.

데이터 수집, 시각화, 빠른 반응 속도를 위해 파이썬 스크립트와 루비 온레일스를 기반으로 한 웹 서비스를 추가했습니다. 이 때문에 몇몇 프로젝트는 구글의 안드로이드 플랫폼에 의존합니다. 그러니 안드로이드 SDK를 이해하고 있는 사람이라면 안드로이드 기반 프로젝트를 개량해 쓸 수 있겠죠.

기성품을 사기보단 직접 만들어서 쓰기를 선호한다면, 이 책은 더 많은 것을 직접 만들고 실생활에 적용할 기회를 선사할 것입니다. 비록 이 책에서 다루는 프로젝트 중 몇 가지는 여러 가지 소프트웨어와 하드웨어를 기반으로 하기 때문에 복잡한 부분도 있지만 대부분은 따라 하기가 쉽고, 저렴한 가격으로 시도해 볼 수 있습니다. 무엇보다도, 이 프로젝트들은 간단한 아이디어를 실생활에 적용하면 어떻게 훌륭한 변화를 일으킬 수 있는지를 보여줍니다.

이 책에서 다룰 내용

'가정 가동화'의 기본적인 개념과 주로 사용되는 공구를 다룬 후, 실생활에서 유용하게 쓰일 수 있는 프로젝트를 총 8가지 다룹니다. 각 프로젝트는 저렴한 센서류, 액추에이터, 마이크로컨트롤러를 사용해 제작됩니다. 하드웨어를 조립한 후에는 기기를 작동시킬 코드를 작성합니다. 이러한 과정으로 제작된 기기는 휴대전화를 사용해 집안 전원을 껐다가 켜기, 택배가 도착하면 이메일로 알림 보내기, 새 모이 그릇이 비면 트위터로 알림 보내기, 일조량과 기온에 맞추어 자동으로 조절되는 커튼 만들기 등을 실행합니다.

프로젝트를 진행하는 과정에 코드를 짜는 과정이 포함되어 있는데, 이 책에 서술된 코드는 'Pragmatic Bookshelf'[1]에서 나온 코딩 관련 서적을 기반으로 합니다.

각 프로젝트는 해당 기기에 대한 간략한 설명으로 시작하며 필요한 부품의 목록을 제시합니다. 그 다음, 단계별로 프로젝트를 어떻게 진행해야 할지에 대한 설명이 이어집니다. 이 책에서 주로 사용되는 프로그램 언어는 아두이노입니다(몇몇 프로젝트는 다른 언어를 사용합니다). 하드웨어를 만든 뒤에 프로그램을 짜서 기기에 넣어주면 해당 기기는 작동을 합니다. 프로젝트에 적용할 수 있는 프로그램의 종류는 아두이노 마이크로컨트롤러를 위한 코드부터 컴퓨터 스크립트까지 다양하게 있습니다.

이 책의 마무리에서는 가정 자동화의 비전에 대해 다루고, 앞서 다뤘던 8가지 프로젝트의 하드웨어와 소프트웨어를 재활용하는 방법을 설명합니다.

아두이노, 안드로이드 그리고 아이폰

모바일 기기들이 점차 인기를 얻고 많은 사람이 사용하기 시작하자 모바일 기기에 대한 인지도는 점차 높아져 가고 있습니다. 저는 새로운 기술을 받아들이는 데에 거부감이 없지만, 살아오면서 다양한 전자기기의 세대교체를 겪어왔기에 새로운 기술이 기존의 기술을 밀어내고 그 자리를 차지하는 데 걸리는 시간이 절대 짧지 않다는 사실을 알고 있습니다. 현재 컴퓨터를 사용하여 프로그램을 개발하듯이 모바일 애플리케이션을 모바일 기기에서 개발하는 시기가 올 때까지는 모바일 기기용 애플리케이션 개발에 컴퓨터가 필수품일 것입니다. 이것은 물론 아두이노 프로그래밍에도 해당됩니다.

하지만 시간이 점차 지나면서 다양한 모바일 플랫폼 개발 OS들이 공개

---

[1]   http://pragprog.com/

되고 있습니다. 마이크로소프트 리서치는 모바일 환경에서 애플리케이션을 개발할 수 있도록 'TouchStudio'를 주요 OS 제조사 중 제일 먼저 공개하였습니다. 구글 엔지니어인 데이먼 콜러[Damon Kohler]는 안드로이드 상에서 텍스트를 사용하여 정교한 프로그램을 짤 수 있는 Scripting Layer for Android[SL4A]를 개발했습니다. 스파크펀의 IOIO[yo-yo]와 함께 이것들을 묶어서 본다면, 이러한 OS들이 미래에 어떻게 컴퓨터를 대신할지 엿볼 수 있습니다.

프로젝트를 진행하며 코드를 짤 때 사용할 맥이나, 리눅스, 혹은 윈도가 설치된 컴퓨터가 필요하겠지만, 이 컴퓨터는 프로젝트로 제작한 기기들과 통신을 하며 정보를 교환할 서버로서도 사용될 것입니다. 만약에 현재 사용하고 있는 컴퓨터가 노트북이어서 자주 밖으로 들고 다닌다면, 저렴한 리눅스나 맥을 한 대 사서 홈 서버로 돌리는 것을 추천합니다. 이것은 기기들의 작동을 1년 내내 점검할 수 있을 뿐만 아니라, NAS[Network Attached Storage]로도 활용할 수 있습니다.

저는 오픈소스 하드웨어와 소프트웨어를 지지하기에, 그 성향은 이 책에 서술된 프로젝트에도 영향을 끼쳤습니다. 참고로 저는 특별히 선호하는 하드웨어 공급사나 프로그램 언어가 없다는 점을 명심해 주었으면 합니다. 프로그램 언어로 C#과 펄을 사용했다면 설명하기가 더 간단했을 테지만, 루비와 파이썬이 휴대성이 좋고 멀티오픈소스를 지원하기 때문에 그 둘을 주로 사용하였습니다. 또한, 윈도 혹은 리눅스를 서버로 사용할 수도 있었지만 맥을 사용한 이유는, 루비와 파이썬이 OS X에 기본적으로 설치되어 있기 때문입니다. 이는 루비와 파이썬을 따로 설치하기 위해 낭비되는 시간을 줄일 수 있게 해줍니다.

앞서 설명한 제 오픈소스 철학에 따라서 프로젝트를 진행하며 주로 사용할 플랫폼은 안드로이드 OS입니다. 개인적으로 iOS를 더 선호하지만,

iOS를 활용한 애플리케이션을 짜기 위해서는 복잡한 절차가 많이 필요하기 때문에 안드로이드로 정했습니다. 또한, iOS 애플리케이션을 개발하기 위해서는 Objective-C와 여러 가지 프레임워크, 메모리 관리에 대한 이해가 필요합니다. 결정적으로 iOS 애플리케이션을 기기에서 실행하려면 연회비를 내고 애플의 개발자 네트워크에 가입하거나, 탈옥한 기기를 사용해야 합니다. 반면에, 안드로이드 SDK와 애플리케이션은 자유롭게 개발하고 사용할 수 있게 되어 있습니다. 또한, 안드로이드 프로그램은 iOS보다 멀티태스킹 능력이 뛰어납니다. 물론, 이는 보안 문제와 리소스 사용문제를 일으킬 수도 있긴 하지만 장점이 더 뛰어나기 때문에 안드로이드로 선택했습니다. 만약에 혹시라도 안드로이드 기기가 아닌 기기로 사용을 하고 싶다면 이 책에서 소개하는 안드로이드에 맞추어 짜진 코드를 다른 모바일 OS로 포팅해 주는 클라이언트 프로그램을 사용하세요.

최근 들어서 화두가 되고 있는 것은 '사물 간 인터넷^{Internet of Things}' 입니다. 이는 주변에 있는 사물들이 서로 인터넷 기반의 통신을 유지한다는 아이디어입니다. 이것은 결국 인터넷 서핑을 하는 사람들의 수를 넘어설 것이며, 인터넷에는 많은 정보가 업로드 되겠지요. 하지만 이러한 장치에 접근하기 위해서는 복잡한 절차를 거쳐야 합니다. 먼저, 다이나믹 DNS와 포트 포워딩 방법을 익혀야 합니다. ISP가 FTP, HTTP/S, SMTP 등의 개인용 서버를 개설하는 것을 막는 경우가 있기 때문입니다.

이 책에서 다루는 프로젝트는 집 근처 구역의 네트워크로만 한정한다면 완벽하게 작동될 것입니다. 하지만 로컬 네트워크 바깥에서 데이터를 가져오는 것은 꽤 어려운 일이지요. 포트를 열고, 포워딩하는 복잡한 과정을 거치면서까지 실시간으로 밖의 기온을 알아보는 일을 굳이 해야 할까요? (한술 더 떠서, 이렇게 하면서 발생하는 보안 위협은?)

다행히도, 몇몇 회사는 간단한 웹 서비스 API를 통하여 앞서 말한 복잡한 문제를 겪지 않고도 외부 센서와의 접속을 간단하게 해결해 주는 플랫폼을 판매합니다. 그 대표격인 3개의 회사는 Pachube[2], Exosite[3], Yaler[4]입니다. 이들 회사의 제품은 그 구조를 파악하고 사용하기가 매우 간단합니다. 그러므로 각 회사의 홈페이지를 방문해 보고, 이러한 플랫폼을 어떻게 프로젝트에 적용할지에 대해서 생각해 보는 것도 좋습니다.

코드 예시와 관례

이 책에 수록된 코드는 아두이노를 위한 C/C++, 안드로이드를 위한 자바, 웹 미들웨어를 위한 루비, 데스크톱 스크립트를 위한 파이썬이 있습니다. 거의 모든 코드의 예시는 일부 외장 라이브러리가 너무 큰 경우(안드로이드와 루비온레일스 프로그램 리스트인 경우)를 제외하고는 전부 다 수록되어 있습니다.

온라인 참고자료

이 책의 웹사이트인 http://pragprog.com/titles/mrhome에 들려서 프로젝트에 사용되는 코드를 내려받고, 포럼에서 프로젝트들에 대해 토의를 할 수도 있으며, 질문과 답변, 자신이 생각한 가정 자동화 아이디어를 올릴 수도 있습니다. 이 책에 대한 버그, 오타, 생략 등의 오류는 웹페이지의 정오표를 보면 확인할 수 있습니다.[5]

---

2   https://xively.com/(이름이 변경되었지만 서비스 내용은 그대로입니다-옮긴이)
3   http://www.exosite.com
4   http://www.yaler.org
5   번역서의 정오표는 www.insightbook.co.kr/45086에서 확인하세요.

인기 있는 DIY 홈페이지인 Makezine[6]과 Instructables[7]에서도 다양한 자료를 접할 수 있습니다. 집에서 직접 제작한 자신들의 작품들에 대한 정보를 공유하는 사이트입니다.

freenode.net에는 몇몇 IRC 채팅 채널이 있으며, 구글 포럼에는 DIY 기기 디자인, 가정 자동화, 하드웨어 해킹에 대해서 주로 다루는 SIG 포럼[8]이 존재합니다.

이제 서문이 끝났으니, 실제로 제작을 시작해 봅시다!

> 번역서의 정오표는 www.insightbook.co.kr/45086에서 확인하세요. 책에 나오는 이미지의 컬러 도판은 www.insightbook.co.kr/56991에서 볼 수 있습니다. 본문에 등장하는 링크는 모두 www.insightbook.co.kr/35601에서 바로 접속할 수 있도록 정리했습니다.
> 부록 B는 국내에서 부품을 구하는 경로를 정리한 내용으로, 옮긴이가 직접 작성했으니 참고하세요.

---

6 http://www.makezine.com
7 http://www.instructables.com
8 http://groups.google.com/group/comp.home.automation/topics

1부

시작하기

## 1장

시작하기 전에

하드웨어를 배선하고 코드를 짜기 전에, 우선 기초 지식부터 알아봅시다. 이 책에서 주요한 주제로 다루는 가정 자동화^{home automation}의 의미부터 시작하여 현재 시장에서 구할 수 있는 가정 자동화 관련 제품들, 그리고 왜 직접 만드는 행동이 현재는 물론이고, 미래에 가서도 의미 있는 일인지를 설명하겠습니다.

또한 이 책에서 다루는 프로젝트를 제작하는 데 큰 도움이 될 디자인과 구성의 예시를 몇 가지 살펴보겠습니다.

먼저 가정 자동화의 의미를 정의하고, 시장에 이미 출시되어 있는 제품 중 몇 가지를 소개하겠습니다. 마지막으로 몇몇 인기 있는 자동화 하드웨어와 소프트웨어 프로젝트를 간략하게 다룹니다. 1장의 마지막에서는 프로젝트를 진행하면서 큰 도움을 줬던 공구와 팁을 다룬 후 마치겠습니다.

1.1 가정 자동화란?

가정 자동화라는 단어가 의미하는 바가 정확하게 무엇일까요? 가장 기초적으로 보자면, 집주인이 직접 개입하지 않더라도 스스로 집안의 환경에 영향을 미치는 행동을 하거나 주인에게 신호를 보내는 기기나 서비스라고 할 수 있습니다. 예를 들어 알람 시계는 가정 자동화 기기 중 하나입니다. 화재 감지기도 가정 자동화 기기로 볼 수 있지요. 문제가 있다면, 이러한 독립된 기기들은 표준 통신 규약을 사용하지 않기 때문에, 네트워크에 연결된 컴퓨터와는 달리 서로 간의 정보 교환이 불가능합니다.

제 기억 속에서 가장 오래된 가정 자동화 기기는 1970년대 초에 나온 Mr.Coffee 자동 드립머신입니다. 이 간단한 주방 가전용품은 부모님에게 큰 즐거움이었습니다. 부모님은 매일 아침 일어났을 때 막 새롭게 내려진 커피가 기다리고 있다는 점을 만족스러워 했지요. 그 어느 누구도 커피머신과 알람 시계의 기능을 합친다는 간단한 생각이 세상을 바꾸리라고는 생각하지 못했을 겁니다.

21세기에 들어서 커피 회사들은 커피머신에 네트워크 어댑터, 온도 센서, 마이크로컨트롤러를 내장하여 커피가 원하는 시간에 정확하게 내려지게 하고, 마시기 적당한 온도를 유지하게 합니다. 게다가 사용자에게 커피가 준비되었음을 알리는 문자 메시지도 보냅니다. 이제 제조사들이 가격이 저렴해진 전자기기를 자사 제품에 탑재하여 몇몇 사람들만 행해오던 가정 자동화를 대중화시키는 건 시간 문제입니다. 다만, 가전기기들 사이에 사용되는 표준 통신 규약이 아직도 불안정하기에 상용화에 큰 걸림돌이 되고 있지요. 그렇지만 소수의 가정 자동화 기기를 생산하는 업체들 덕분에 그 문제는 거의 해결이 되었습니다.

1.2 상용화된 가정 자동화 기기들

Mr. Coffee라는 가전기기가 나온 이후부터 가정 자동화를 위한 통신 규약을 표준화하려는 시도는 계속되어 왔습니다. 초창기부터 가정 자동화 기기를 생산해온 주요 회사 중 하나인 X10은 오늘날에도 기초적이고 저렴한 가정 자동화 제품을 제공합니다. X10 제품은 전선을 새로 시공할 필요가 없이, 가정에 이미 설치된 배선을 활용할 수 있다는 장점이 있습니다. X10은 간단한 펄스 코드 규약을 사용하여 'X10 베이스 스테이션' 혹은 컴퓨터와 연결된 'X10 커뮤니케이션 인터페이스'와 통신을 합니다. 하지만 신호 열화, 검사합 오류, 메시지 회신 오류와 같은 문제와 불필요하게 덩치가 큰 하드웨어, 그리고 온/오프 릴레이 스위치를 사용한 전류조절 방식 때문에

X10의 인기는 떨어졌습니다.

다른 회사들은 'CEBus'나 'Insteon'과 같은 통신 규약을 표준으로 내세웠지만, 그중 어느 것도 시장에서 성공하지 못했습니다. 그 원인의 일부는 가전제품 제조사와 가정 자동화 기기 제조사 사이의 인터페이스와 프로토콜 표준화가 협의되지 않아서라고 볼 수 있습니다.

최근에, 구글은 안드로이드 운영체제가 가까운 미래에 여러 가전제품에 탑재되어 대중적으로 사용될 것이라고 단언하였습니다. 물론 시간을 들여 기다려 보면 구글이 과연 성공할지 실패할지 알 수 있겠지만, 과거의 여러 사례를 보았을 때 성공할 확률은 매우 낮습니다.

성공적인 표준 규약이 나타나는 일은 20년을 기다려야 하는 반면, 이미 TCP/IP 통신 표준을 채택한 임베디드 컴퓨팅 기기들은 지금 바로 구할 수 있습니다. 이러한 하드웨어의 가격은 몇 년 전과 다르게 빠르게 떨어지고 있습니다. 시장이 이러한 기기들을 대중화하는 시기가 도래하였으니 소프트웨어 개발자들, 가정 자동화에 흥미가 있는 사람들, 그리고 직접 디자인한 제품을 사용하고픈 사람들에게 절호의 기회가 아닐까 합니다. 몇몇 운 좋은 사람들은 저렴하면서도 성능 좋은 해결책을 찾아내서 훗날 폭발적인 인기를 얻게 될 것입니다. 그리고 그것은 우리들의 삶을 획기적으로 변화시키겠지요.

1.3 DIY를 사용한 해결책

오늘날 가정 자동화 기기 시장에서의 DIY는 가장 활발한 영역입니다. 값싼 전자기기들과 네트워크에 연결된 저가 컴퓨터들을 사용하는 방식은 매우 매혹적입니다. DIY가 인기 있는 또 다른 이유는, 내용물이나 작동 원리를 알 수 없는 일반적인 상용 제품과 다르게, 소스코드를 직접 짜기 때문에 결과물에 대한 지식을 본인이 가지고 있다는 부분입니다.

기기를 만들 줄 안다는 것은, 직접 수리하거나 개량하는 것도 가능하다는 뜻이지요. 시장에서 손쉽게 구할 수 있는 상용 제품은 개개인의 소비자가 특별하게 원하는 기능을 탑재하는 경우가 드뭅니다. 가정 자동화 기기를 판매하는 회사들은 자신들의 제품을 최대한 많은 수의 소비자들이 구매하도록 하기 위하여 대중적인 필요에 맞추어 일반화합니다. 그 제품들은 대중적인 용도로써는 적당하지만, 단 한 명의 소비자의 욕구를 충족시키기는 부적합합니다. 하지만 약간의 기초적인 지식과 제작 경험이 있다면 자신의 취향에 맞는 기기를 직접 만들어낼 수 있습니다.

예를 들어, 이 책에서 처음으로 다루는 프로젝트인 수위 경보기는, 배수조 내의 수위가 일정 이상을 넘기면 주인에게 알림 이메일을 보냅니다. 상용화된 제품의 경우에는 소리를 내는 알람이 달려있는 경우가 일반적입니다. 인근 철물점에서 구할 수 있던 제품 중에서 메시지를 보내는 기능이 달려있는 제품은 없었습니다. 그리고 이 디자인에 약간의 수정을 가하고, 추가 기능을 달아서 사용한다면(알람을 시각적으로 표현하기 위해 LED를 추가하거나), 굳이 이런 추가 기능을 가진 상용 제품을 따로 구입하지 않아도 됩니다.

집안을 둘러보고 무언가 비효율적이거나 단순 반복적이며 실행하기 귀찮은 작업이 있다면, 어떻게 하면 그 작업을 자동화할 수 있을지 아이디어를 떠올리며 메모를 해봅시다. 잠깐 사이에 집안을 자동화할 훌륭한 아이디어들이 꽤 많이 떠오르는 것이 놀라울지도 모릅니다.

1.4 사용금액 책정하기

사실 부품 구입에 돈을 많이 들여서 기기를 만들었는 데도 불구하고 작동이 잘 안될 가능성도 있습니다. 필요한 요구사항을 충족하거나 직접 만든 기기보다 오히려 더 나은 성능을 가진 상용 제품과 비교하면, 직접 제작하는 방법은 비효율적으로 보입니다. 물론 이런 기기들을 제작하면서 얻는 경험, 제작을 하며 얻는 행복감, 완성된 작품이 작동을 하는 모습을 보며 얻는 만족감 등에도 가치가 있지요. 하지만 이런 데 돈을 쓸 때는 아내의 눈치를 보지 않을 수 없습니다. 심지어 비효율적인 소비에 불만이 있는 아내는 잔소리 같은 무기를 이용해 제작 과정에서 얻은 만족감을 잃어버리게 만들 수도 있습니다.

새로운 디자인을 고려할 때는, 이 계획이 시간, 예산을 절약하면서도 많은 것을 배울 수 있는지 사전에 꼼꼼하게 생각해 봐야 합니다. 일이 잘 풀리지 않는다면 원하는 결과가 나올 때까지 몇 번에 걸친 실험과 실수를 반복할 수도 있기 때문입니다. 하지만 계속해서 진행한다면 결국에는 제대로 된 결과가 나옵니다. 저렴한 가격으로 프로젝트를 성공한 기쁨을 느낄수 있고, 여러 가지 제약들은 좀 더 창조적인 생각을 하도록 돕습니다. 앞선 이유들은 제가 왜 이 책 안에 수록되어 있는 프로젝트들의 사용 금액을 모두 합리적인 가격대로 잡았고, 오래된 전자기기에서 재료를 가져다가 사용하는 것을 권장하는지에 대하여 설명해 줍니다.

프로젝트에 착수하기 전에 자신이 생각하고 있는 프로젝트를 누군가가 이미 시행했는지 온라인으로 검색해 보세요. 만약 있다면 그 프로젝트가 성공했는지, 들인 비용에 대해 만족할 만한 결과가 나왔는지, 혹은 좀 더 간단하게 제작할 수 있는 방식이 있는지 알아보세요.

자신의 아이디어가 특별하다고 판단된다면, 재료를 사는 데 들어갈 금액과 소요될 시간을 계산해 봅니다. 물론 프로젝트를 진행하며 사용하는 공구들의 가격도 총 소요 금액에 포함됩니다. 이렇게 추가된 비용은 생각보다 큰 금액입니다. 특히 DIY 프로젝트를 훗날 더 진행한다면 필요한 장비는 질도 더 좋아야 하고 양적으로도 더 많아야겠죠. 간단한 납땜 인두기와 전선에서 시작해 멀티미터와 오실로스코프까지 필요에 따라 구매해야 합니다. 직접 만들기의 장점은 자기 자신이 원하는 속도에 맞춰 프로젝트를 진행할 수 있다는 점입니다. 또한 점점 DIY를 하는 사람들을 많이 만나면서 인맥을 넓히게 되고, 여러 명과 함께 토론을 벌이기도 합니다. 나중에는 공구를 빌리기도 하고, 조언이나 격려도 점점 더 많이 받게 됩니다.

1.5 작업대 꾸리기

신경 써서 진행한 조립 과정은 만족스러운 결과를 낳습니다. 방해가 없는 환경에서 프로젝트를 제대로 진행해야 본인이 원하는 대로 순조롭게 진행할 수 있습니다.

작업을 하는 환경은 밝고, 환기가 잘 되는 곳이어야 합니다. 특히 납땜을 할 때는 이러한 환경이 매우 중요합니다. 납 연기를 밖으로 배출하기 위해 창문을 열고 작은 선풍기를 사용하는 것이 좋습니다. 만일 사정상 창문을 열 수 없다면 납연 제거용 선풍기를 구매하시기 바랍니다.

가능하다면 작업 공간에 큰 책상을 놓아서 전자 부품들이 놓일 곳을 확보해야 좋습니다. 책상은 전원 단자에서 가까운 곳에 배치를 하고, 책상 위에 멀티 탭을 배치하여 전원에 접근하기 쉽도록 해야 합니다.

공작 부품 통이나, 이유식 병, 알약 통, 알토이즈 사탕 통과 같은 보관함에 콘덴서, 저항, LED, 전선, 실드선, 모터, 센서 등을 분류별로 보관하여 수량을 파악하거나 나중에 사용할 때 원하는 부품을 찾기 쉽도록 합니다.

작업 공간에서 최대한 가까운 곳에 컴퓨터를 배치해 놓습니다. 노트북이라면 배치하기가 간단하지만, 데스크톱 컴퓨터라면 책상의 면적을 크게 차지하기 때문에 유의해야 합니다. 책상 위 공간을 많이 차지하는 것을 막기 위해, 본체는 책상 밑에 배치하고 모니터, 마우스, 키보드(무선 마우스와 키보드를 사용하는 것도 좋습니다)만을 책상 위에 배치하도록 합니다.

책상 밑에 놓여있는 잡동사니를 치우세요. 이것은 화재 예방의 목적뿐만 아니라, 작업을 하다가 실수로 떨어뜨린 작은 부품들을 되찾기 쉽게 하기 위해서입니다.

마지막으로, 작업 공간은 프로젝트를 위해서만 쓰이도록 유지해야 합니다. 몇몇 프로젝트는 마치 조각 퍼즐을 맞추는 것과도 같아서, 반쯤 조립된 기기들을 놔둘 곳이 필요합니다. 또한 앉자마자 작업을 시작할 수 있도록 하는 게 좋습니다. 작업을 시작하기 위해 치워뒀던 온갖 부품들을 다시 꺼내고 정리한 후에 프로젝트를 진행한다면 매우 귀찮고 힘들 것입니다.

1.6 아이디어 구상하기

영감이 떠오를 때, 그것을 기록하는 데 연필과 종이만큼 빠르고 간편한 매체는 없습니다. 몇몇 무료 오픈소스를 활용한 크로스 플랫폼 툴은 아이디어를 정리하고 문서화하는 데 큰 도움이 됩니다.

- Freemind[1]는 사용자의 생각, 목표, 관련 아이디어를 분석하는 데 아주 유용합니다. 이 마인드맵을 만드는 애플리케이션은 사용자가 가진 여러 가지 아이디어들 사이의 연관성을 연결하는 데 유용합니다. 이것을 사용하면 시간과 비용을 절약할 수 있는데, 사용자가 필요로 하는 핵심 아이디어를 찾기 쉽게 하고 쓸모없는 아이디어는 폐기할 수 있는 기능을 제공하기 때문입니다.
- Fritzing[2]은 아두이노 배선 다이어그램을 그리기 위한 애플리케이션입니다. 안타깝게도, 이 애플리케이션은 아직도 개발 중이며 완전한 기능을 실행할 수는 없습니다. 또한 몇몇 인기 있는 센서들조차 프로그램 내에서 사용이 불가능합니다. 하지만, 프로그램 자체는 여러 사람들이 개발에 참여하면서 점점 더 개량되고 있습니다. 저는 이 애플리케이션을 아두이노 기반 프로젝트를 진행할 때 자주 사용합니다. 그래서 이 책에 나와 있는 배선도들은 모두 Fritzing을 사용하였습니다.
- Inkscape[3]는 쉽게 사용할 수 있는 벡터 기반의 그림 그리기 프로그램입

---

1   http://freemind.sourceforge.net
2   http://fritzing.org/
3   http://inkscape.org

니다. 보통 Fritizing이 그릴 수 없는 영역의 배선도를 그릴 때 도움을 줍니다. 사실 Inkscape는 그래픽 예술가를 위해서 만들어졌지만, 정확한 측정 툴이 내장되어 있기 때문에 프로젝트에 사용할 단자나 기기를 담을 케이스를 설계할 때도 유용합니다.

컴퓨터 외의 기기들을 보자면, 타블렛 기기는 한때 종이가 사용되던 영역을 급속도로 차지하고 있습니다. 전 이 책을 아이패드나 킨들을 사용해 읽고 있다고 해도 크게 놀라지 않을 것입니다. 그저 정보를 찾아보기 위해서만이 아니라, 타블렛은 브레인스토밍을 하거나 프로젝트에 대한 중요한 스케치를 할 때도 훌륭한 기기입니다. 아이패드(혹은 안드로이드 타블렛)와 튼튼한 지지대의 조합은 간편하게 레퍼런스를 참조할 때 유용합니다. 미리 해뒀던 스케치를 불러오거나 프로젝트의 진행도를 체크하거나 우선순위를 변경하거나 그리고 중간중간에 메모를 할 수도 있습니다.

현재 제가 프로젝트를 진행할 때 주로 사용하는 아이패드 애플리케이션은 아래와 같습니다.

- Electronic Toolbox Pro[4]는 전자 부품에 대한 레퍼런스 자료를 볼 수 있게 해줍니다. 또한 전기/전자 계통에서 유용하게 쓰이는 여러 계산식이나 변환식을 지원하는 계산기가 탑재되어 있습니다.
- iCircuit[5]는 회로 시뮬레이터로, 회로를 만들고 이해할 때 단순하게 종이에 인쇄된 회로도를 보는 것보다 회로에 대한 이해를 빠르게 하도록 도와줍니다.
- iThoughts HD[6]는 마인드맵핑 애플리케이션으로, 사용자가 손쉽게 과거에 저장해둔 마인드맵을 불러오거나 저장할 수 있게 해줍니다.

---

4   https://creating-your-app.com/electronic-toolbox-pro/
5   http://icircuitapp.com/
6   http://ithoughts.co.uk

- miniDraw[7]는 벡터 기반의 그림그리기 프로그램입니다. 저장을 SVG 포맷으로 할 수 있기에 앞서서 언급한 Inkscape와 호환해서 쓸 수 있습니다.

프로젝트를 잘 시행하기 위해서는 프로젝트를 디자인하고 문서화하는 데서 끝나는 게 아니라, 정확한 측정과 사전 테스트가 중요합니다.

1.7 코딩, 배선 정리, 그리고 테스팅

안타깝게도 아두이노를 위한 쓸 만한 소프트웨어 에뮬레이터는 현재 존재하지 않습니다. 하지만 아두이노 플랫폼을 위한 프로그램은 보통 작고 명확한 구조를 가지고 있기 때문에 에뮬레이팅 과정을 거치지 않고, 컴파일-실행-디버그 하는 식으로 운용해도 괜찮습니다. 신경 써서 진행한 코딩 과정과 노련한 테스팅 실력은 만족스러운 결과를 보장해 줍니다. 이러한 논리는 제작하고 배선을 할 때에도 똑같이 적용됩니다.

이 책에 나와 있는 대다수의 프로젝트가 납땜을 하지 않고서도 제작이 가능하지만, 설치를 하고 장기적으로 사용하기 위해서는 납땜을 해야 하며, 이를 위해 납땜 실력이 어느 정도 요구됩니다. 납땜을 하기 전에는 설계한 회로가 제대로 동작하는지 확인을(일반적으로 브레드보드를 사용합니다) 해보고 나서 작업을 진행하는 게 좋습니다.

코드를 테스트할 때는 신경을 써서 진행해야 합니다. 마이크로컨트롤러 코드, 아두이노 코드든지 서버 쪽에서 주로 사용되는 루비나 파이썬이든지 간에 코드를 테스트하는 것은 중요합니다. 테스트 주도 개발[TDD]이 제일 좋은 테스팅 방식 중 하나지요. 많은 테스팅 프레임워크와 관련 서적들은 쉽게 구할 수 있습니다. 그 중에서도 『PragPub』란 잡지의 2011년 4월호

---

7   http://minidraw.net/

에 실린 Ian Dee의 Testing Arduino Code[8]를 읽어 보세요. 또, 『Continuous Testing: with Ruby, Rails, and JavaScript』도 읽어 보기를 권합니다.

파이썬 기반의 스크립트를 짤 때는 py.test 같은 단위 테스트를 시행하는 게 좋습니다. 루비온레일스 기반의 웹 프레임워크를 코딩한다면, Rspec을 사용하는 쪽을 고려하는 것도 좋습니다(더 자세한 Rspec 사용 방법은 『The RSpec Book』을 읽어 보세요). 안드로이드 애플리케이션을 짤 때는 안드로이드 테스팅 프레임워크[9]를 사용하세요. 작은 애플리케이션을 작업할 때라도, 검증된 테스팅 방법을 사용하는 쪽이 코드의 품질을 올리면서도 작업자가 스트레스를 받지 않습니다.

멀티미터를 사용하는 방법을 익혀 놓아도 좋습니다. 멀티미터는 소프트웨어 디버거와 같이 프로젝트 내부 회로에서 일어나는 일을 파악할 때 유용합니다. 예를 들어, 회로 어디선가 쇼트가 나서 프로젝트 진전에 문제가 있다면 멀티미터로 간단하게 해결할 수 있습니다. 문제를 찾는 용도 뿐만 아니라, 전기적 출력을 측정하는 데 유용하게 쓰일 수 있습니다. 예시로, 태양전지판에서 나오는 전력이 마이크로컨트롤러로 작동하는 서보모터를 충분히 구동할 수 있을지 사전에 점검할 수도 있습니다.

만약에 멀티미터를 다루는 법이 익숙하지 않다면, 주로 사용하는 검색 엔진에서 '멀티미터 사용법'이라고 검색하면 많은 정보를 손쉽게 구할 수 있습니다.

1.8 작업 과정 보존하기

손으로 쓴 쪽지는 작업을 시작할 때는 유용하지만, 프로젝트를 진행하다

---

8   http://www.pragprog.com/magazines/2011-04/testing-arduino-code
9   http://developer.android.com/guide/topics/testing/testing_android.html

보면 여러 이유로 인하여 계획의 수정과 변경이 자주 이루어집니다. 결국 완성된 최종적인 결과물은 처음에 계획한 디자인에서 벗어나는 경우가 잦습니다. 프로젝트를 끝내기 전에 그 바뀐 내용을 정확하고 간결하게 보존할 필요가 있습니다. 더군다나 다른 사람들과 자신의 디자인을 공유하고 싶다면 더욱 중요하지요.

Fritzing 같은 애플리케이션을 사용하면 원색의 깔끔한 배선도를 그릴 수 있습니다. 이런 방식은 정확하게 어떻게 프로젝트를 배선하는지 안내해 줍니다. 가장 최악의 작업 내용 보존 방식은 흐릿하고 기울어진 사진과 유튜브에 올리는, 흐릿하여 잘 보이지도 않는 배선 작업 모습을 보여주는 비디오입니다. 이러한 자료는 보조적인 자료로 활용하기에는 좋지만, 제대로 디자인된 프로젝트라고 한다면 남들이 쉽게 따라 할 수 있는 명확한 배선도를 가지고 있어야 하기 때문에 부적합합니다.

코드에는 항상 길고 자세한 부가설명을 남겨놓는 습관을 들입시다. 아무리 간단한 스크립트와 스케치라도 부연 설명을 남겨야 합니다. 이 설명은 남들과 코드를 공유를 할 때 다른 사람이 코드를 이해하도록 도울 뿐만 아니라, 본인 스스로 자신이 코드를 짤 때 무엇을 생각했었는지 떠올리게 해줍니다. 그리고 코드를 Github나 Sourceforge와 같은 코드 공유 사이트에 올릴 때 부연 설명이 잘 되어있는 코드일수록 전문적인 풍모를 풍기며, 다른 이용자들로부터 찬사를 받을 수가 있습니다.

이러한 조언을 바탕으로 하며, 제일 중요하게 명심해야 할 점은 바로 이 책에 나온 프로젝트를 진행을 할 때는 즐거움을 느껴야 한다는 점입니다. 프로젝트를 진행하며 얻는 값비싼 경험들은 훗날 자신만의 독특한 디자인을 가진 프로젝트를 진행할 수 있도록 도와 줄 겁니다.

다음 장에서는 앞으로 사용할 하드웨어와 소프트웨어들을 살펴보고, 각각에 대한 최상의 설정 값을 알아봅니다.

## 2장

필요한 요건들

책에 나와 있는 프로젝트를 진행하기 전에, 사용할 재료와 가장 효율적인 제작 방법을 고려해야 합니다.

모든 프로젝트는 최대한 간단하게 제작하고 적은 비용으로 할 수 있도록 고려했습니다. 깡통 하나를 따는 데 몇 십만 원을 들이는 정교한 루브 골드버그 장치[1]를 만드는 것은 즐거운 일이지만, 실제로는 상점에서 파는 몇 천원짜리 깡통따개를 사용하는 게 현실적이지 않나요? 각 프로젝트는 최소한의 비용으로 최대한의 효율을 뽑아낼 수 있도록 노력하였습니다. 그 결과, 대부분의 프로젝트는 제작 시간이 1시간, 제작비는 6만 원 선을 넘기지 않습니다.

재활용하는 법을 익히는 것은 매우 중요한 일입니다. 하드웨어를 재활용하기보다는, 소프트웨어를 재활용하는 쪽이 더 쉽습니다. 이 책에 서술된 프로젝트 대부분이 아두이노 같은 저렴한 마이크로컨트롤러 보드를 사용하는 이유이기도 합니다. 무작정 모든 프로젝트를 제작해 보겠다고 대여섯 개의 아두이노 보드를 사들이기 전에, 한두 개의 프로젝트를 동시에 진행하면서 완성하기 직전에 어떤 것이 더 본인의 실생활에서 유용할지 판단하는 것이 하드웨어 작업에 들이는 비용을 줄이기에 좋습니다. 제일 관심이 가는 프로젝트를 완성한 뒤에, 그것을 개량하거나 다른 프로젝트와 합치는 것도 좋은 선택지입니다. 만일 제작한 프로젝트가 아주 멋지다

---

1 (옮긴이) 생김새나 작동원리는 복잡하고 거창해 보이지만, 실상은 간단한 일을 하는 장치. 미국의 만화가 루브 골드버그(1883~1970)가 고안한 아이디어입니다.

고 판단된다면, 그 아이디어를 이 책의 포럼에서 공유해 주었으면 합니다.

대부분의 소프트웨어 개발 프로젝트는 컴퓨터 한 대와 프로그래머가 사용할 프로그래밍 언어, 그리고 프로그래밍 로직이 동작하는 프레임워크만 필요할 뿐입니다. 하지만 하드웨어 센서, 모터, 무선통신 보드와 마이크로 컨트롤러가 사용되기 시작하면 디자인과 제작 과정이 훨씬 더 복잡해집니다. 결국에 각 프로젝트는 실질적으로 하드웨어와 소프트웨어라는 두 가지 주요 요소만으로 작업하게 됩니다. 여기서, 하드웨어는 측정한 데이터를 소프트웨어로 보내고, 소프트웨어는 그 데이터를 해석하고 그에 맞는 행동을 합니다. 이 두 개의 주요한 핵심 요소가 어떻게 이루어져 있는지 살펴봅시다.

2.1 하드웨어에 대한 이해

프로젝트에 사용되는 아두이노 보드, 센서, 모터(기술적으로 액추에이터라고 불리기도 합니다)는 온라인 상점을 통해 쉽게 구매할 수 있습니다. 제가 주로 애용하는 곳은 에이다프루트 인더스트리[Adafruit Industries][2]와 스파크펀[Sparkfun][3]입니다. 좀 더 예산을 아끼고 싶다면 크레이그스리스트[Craigslist]나 이베이를 추천합니다. 이런 곳에선 구 버전 안드로이드 핸드셋이나 X10 컨트롤러의 중고 부품을 구하기가 수월합니다. 다만, 이러한 중고 거래는 구매 후에 반품이나 교환을 하는 절차가 까다롭거나 불가능할 수도 있으니 유의해야 합니다. 에이다프루트와 스파크펀 같은 대형 회사들은 고객서비스가 철저한 편이라서 반품이나 교환이 편리합니다.

이 책에 서술된 각 프로젝트는 필요한 부품의 목록을 제시합니다. 기기를 제작하기 위해 사용되는 하드웨어는 주변에서 구하기 쉬운 종류로 구

---

[2] http://www.adafruit.com
[3] http://www.sparkfun.com

성되어 있습니다. 어떤 프로젝트들은 심지어 옷걸이와 옷감과 같은 일상 생활용품을 사용하기도 합니다. 아래에 서술된 목록은 이 책에 나온 프로젝트를 진행하기 위해 사용되는 전기/전자 부품의 목록입니다.

- 아두이노 Uno, Duemilanove 혹은 Diecimila – $30
- 아두이노 Ethernet shield – $45
- 아두이노 Wave shield와 스피커, 전선, SD 카드 – $35
- 패시브 적외선PIR 움직임 센서 – $10
- 플렉스 센서 – $12
- 충격 감지 센서 – $7
- TMP36 아날로그 온도 센서 – $2
- CdS(황화카드뮴) 포토레지스터 센서 – $1
- 서보모터 – $15
- Smarthome 12VDC 초인종 – $35
- XBee 모듈 2개와 어댑터 키트 – $70
- FTDI 커넥터 케이블 – $20
- 2차 전지를 내장한 태양광 충전기 – $30
- X10 CM11A 액티브 홈 시리얼 컴퓨터 인터페이스 – $50
- X10 PLW01 표준 벽설치형 스위치 – $10
- 시리얼 – USB 컨버터 – $20
- 컴퓨터(리눅스 혹은 맥이 좋습니다) – 모델에 따라 $200~$2,000
- 무선 블루투스 스피커 – 모델에 따라 $120
- 안드로이드 G1 핸드폰 – 상태에 따라 $80~$150
- 안드로이드 스마트폰 – 성능과 통신사 계약에 따라 $50~$200
- Sparkfun IOIO 보드와 JST 커넥터, 바렐 잭 → 2핀 JST 변환 커넥터, 5VDC 전원공급기 – $60
- USB(수) → 미니 USB 케이블(수) – $3

- 2.1mm 바렐 잭 케이블(암) – $3
- 전선 한 롤 (22AWG가 적당합니다) – $3
- 10K 옴 저항 – $0.10
- 10M 옴 저항 – $0.10
- 작은 브레드보드 – $4
- 전기 테이프 혹은 수축튜브 – $5
- 9V DC 전원공급기 – $7
- 12V 5A SMPS 전원공급기 – $25
- PowerSwitch Tail II와 1K옴 저항 – $20
- 스테퍼 모터 – $14

각각의 부품은 이 책에서 다루는 여러 프로젝트에 재활용할 수 있습니다. 만약, 특정한 프로젝트가 영구적으로 집에 설치되었다면, 사용된 부품만큼 추가로 구매해서 사용해야 합니다. DIY 하드웨어 프로젝트는 마치 코딩처럼 중독성 있는 즐거움을 선사합니다. 점점 더 자신감이 붙으면서 사용하는 부품의 종류도 더 늘어날 것입니다.

이 책에서 사용되는 재료 중 제일 자주 사용되는 것은 안드로이드 스마트폰, 아두이노, XBee 통신 모듈입니다. 다음 섹션에서 이들에 대해서 좀 더 자세한 설명을 하겠습니다.

안드로이드 프로그래밍

안드로이드 운영체제는 텔레커뮤니케이션이나 임베디드 시스템 계통 시장에서의 영향력을 늘려가고 있습니다. 구글은 'Android@Home'이라는 개념을 발표함과 동시에 개발자들과 가전제품 제조사로 하여금 스마트 홈 시스템을 개발할 때 안드로이드를 기반으로 하는 방식을 고려해 달라고 요청했습니다. 그에 따라 몇몇 제조사들은 Android Open Accessory

Development Kit^ADK[4]를 지원하는 하드웨어를 시장에 내놓았습니다. 이는, 구글이 디자인한 다른 인터페이스와의 호환성에서 이점을 가집니다.

제가 선택한 ADK 보드는 스파크펀의 IOIO 보드입니다. 이 책이 작성되던 시점에는 IOIO가 베타 버전이며, ADK를 적용한 펌웨어를 보드에서 시행하는 것은 어려운 일이었습니다. 그래서 9장 「안드로이드 문단속 장치」에서는 일반적으로 사용되는 안드로이드 SDK에 커스텀 하드웨어 라이브러리를 채용하는 방식을 사용했습니다.

ADK 개발자 하드웨어의 가격이 점차 내려가면서 개발자와 생산자에게 여러 가지 합리적인 선택지를 주고 있습니다. 하지만 현재로써는 1세대 안드로이드 휴대전화와 IOIO 보드의 조합이 최신 성능의 ADK 전용 보드와 같은 기능을(카메라, GPS, 블루투스, 무선랜) 가지면서도 오히려 저렴합니다. ADK 기기가 저렴해지고 흔하게 구할 수 있을 때가 되면, 미리 안드로이드 개발에 대한 지식을 익혀놓은 사용자들이 저렴한 조합으로 작업하기가 편할 것입니다.

몇몇 안드로이드 기반 프로젝트는 네이티브 클라이언트와 서버 애플리케이션을 구축하는 과정을 포함합니다. 클라이언트 애플리케이션이 기기를 가리지 않는 jQuery Mobile[5] 같은 언어로 작성했을 수도 있었지만, 네이티브 모바일 애플리케이션의 중요함을 체험해보는 것도 좋습니다. 이러한 체험을 통해서 웹 베이스 인터페이스로 프로그램을 짰다면 알아챌 수 없었을 모바일 기기의 작동 기능과 원리에 대해 알아볼 수 있습니다. 또한, 네이티브 애플리케이션은 브라우저 기반 애플리케이션보다 로딩 속도와 반응 속도가 더 빠릅니다. 이 책에 서술된 안드로이드 프로그램을 작성하는 데 안드로이드 애플리케이션 개발에 대한 선행학습이 필요하진 않지만 이러한 과정을 통해 안드로이드 SDK를 깊게 이해할 수 있습니다.

---

4 http://developer.android.com/guide/topics/usb/adk.html
5 http://jquerymobile.com/

아두이노 프로그래밍

C나 C++ 코딩에 대한 경험이 이미 있다면, 아두이노에 사용되는 ATMega 168/328 마이크로컨트롤러에 쓰는 코드를 짜는 일은 그리 어려운 일이 아닐 것입니다. '스케치^{sketches}'(편의를 위해서 앞으로는 '코드'라고 부르겠습니다)라고 불리는 아두이노 프로그램은 아두이노 애플리케이션에 대한 기본적인 이해가 있다면 작성하기가 쉽습니다.

아두이노 코드의 기초 구조를 살펴보겠습니다. 첫 부분에는 C언어와 같이 라이브러리 코드를 사용하기 위해 #include 선언문을 사용합니다. 이후, 전역변수와 객체 초기화가 뒤따르는데, 대부분 코드의 setup() 루틴에 쓰여 있습니다. setup() 함수는 보통 물리적 배선 연결 지점(아두이노 판에서 '핀'이라 불리는 지점)에 접근하기 위해 사용됩니다. 또한, 초기화 지점에서의 전역 변수 할당에도 사용됩니다. 이것은 int onboard=13; 코드를 setup() 함수 전에 배치하는 것과 같다고 볼 수 있습니다. 이 코드는 아두이노에게 pin 13(기판 LED의 번호)에 접근하여 이용하라고 지시할 것입니다. 우리는 이후 setup() 루틴 내 pinMode(on-board_led, OUTPUT) 코드를 이용해 핀으로 신호를 출력할 수 있습니다.

다양한 작업 명령과 setup() 프로그램의 초기화가 끝났다면, 코드는 내부의 명령어를 무한히 반복하는 main loop() 루틴에 들어갑니다. 지정된 행동을 반복하거나 이벤트가 일어나기를 기다리는 것은 바로 이 루틴 부분입니다. 컴파일하고, 구동하는 과정을 첫 프로젝트인 '수위 경보기'를 제작할 때 다시 한 번 다룹니다.

코드를 작성할 때 사용할 텍스트 편집기는 어떤 것을 사용해도 상관이 없습니다. 개중 가장 인기가 좋은 Arduio Integrated Development Environment^{IDE} 편집기는 아두이노 웹사이트에서 무료로 다운로드할 수 있습니다. 이 자바 언어 기반의 편집기는 작성한 코드를 ATMega 마이크로컨트롤러에 맞는 언어로 컴파일하는 데 필요한 모든 기능들을 제공합니다. 또한, 함께 제공되는 수십 가지의 샘플 코드들을 통해서 코드의 문법, 아두이노와 상호작용하는 여러 모터와 다른 센서들을 다루는 방법을 알아볼 수 있습니다. 그리고 이 프로그램이 Java 기반이기 때문에, Arduino IDE 는 윈도 뿐만 아니라 맥, 리눅스 운영체제에서도 똑같이 작동한다는 장점이 있습니다.

> ### 아두이노 IDE에 가상 에뮬레이터가 내장되어 있나요?
>
> 대부분의 데스크톱이나 모바일 애플리케이션 제작과는 다르게, 공식적인 아두이노 에뮬레이터는 존재하지 않습니다. 아두이노에 연결할 수 있는 각기 다른 물리 센서와 모터들을 모두 구현하기는 어렵기 때문이죠. 여러 서드파티들이 이러한 툴을 제작하기 위해 노력해왔지만, 그것들 또한 아두이노 전체 기능이 아닌 자체적으로 지원하는 OS나 ATMega 칩셋에 치중하는 게 한계였습니다. 두 가지 윈도 기반 에뮬레이터로 Virtual Breadboard(http://www.virtualbreadboard.com)와 Emulare(http://emulare.sourceforge.net/)가 있습니다. 이 중에서 저는 아두이노 하드웨어를 잘 재현해 놓은 Virtual Breadboard를 추천합니다. 또한, Virtual Breadboard는 아두이노에 연결할 수 있는 한정된 수의 센서와 기기들의 에뮬레이션을 지원하기도 합니다.
>
> 아두이노의 가격이 저렴하므로, 단위 테스트와 편리하고 휴대성이 뛰어난 하드웨어적 특성이 있는 에뮬레이터는 거의 사용하지 않습니다. 실제 기판에 돈을 들이는 것이 에뮬레이터로 번거로운 작업을 하는 것보다 낫기 때문입니다. 코드는 짧고, 아두이노 IDE의 시리얼 창은 적절하게 디버그를 하고 실제 하드웨어 트윅을 하는 데 도움이 됩니다.

XBee 프로그래밍

몇몇 프로젝트에서 사용할 또 다른 핵심 기술은 XBee라고 알려진 IEEE 802.15.4 무선기기 표준 라디오 장치입니다. XBee 라디오는 저렴하고, 저전력을 소모하며, 다루기 쉬운 시리얼 인터페이스를 가지고 있기 때문에 아두이노 기반 무선 프로젝트에 적합합니다. 저전력인 XBee는 문자 수준의 비트스트림 통신에 주로 사용됩니다. 기기 간 송수신 거리는 대략 반경 15m 정도입니다.

이 책에 수록된 프로젝트에 사용된 XBee 기기 간의 통신은 한 글자 수준의 짧은 명령어이며, 그 내용은 센서가 감지한 환경 변화에 대한 정보입니다. 만일 센서가 변화를 감지한다면, 그에 대한 신호가 페어링이 된 다른 XBee 기기로 송신이 됩니다. 수신을 받는 XBee 기기는 컴퓨터나 임베디드 시스템과 같이 수신한 신호를 처리할 수 있는 기기에 연결되어 있습니다. 저는 여기서 기기가 신호를 처리하고 작동하기 전에 로그를 남기는 방식을 선호합니다. 그 이유는, 변화에 대한 로그를 남기면 나중에 디버깅할 때 수월하기 때문입니다. 수신한 데이터를 기록한 후, 컴퓨터는 수신한 신호를 웹 서비스에 맞는 형태로 변환합니다. 이는 이메일 메시지 발송이나, 서보 모터를 작동시키거나 하는 형태의 움직임을 유발합니다.

트윗하는 새 모이 그릇

XBee를 사용하면서 제일 어렵고 시간이 오래 걸리는 작업은 하드웨어를 조립하고 XBee를 페어링하는 작업입니다. 이것은 조금 어려운 작업이지만, 다행히도 에이다프루트를 창립한 오픈 하드웨어 전문가 리모르 "레이디에이다" 프라이드 Limor "Ladyada" Fried가 자신의 웹사이트에 XBee 어댑터 키트를 조립하고 설정하는 방법을 자세하게 설명해 놓았습니다. 이는 나중에 '트윗하는 새 모이 그릇' 프로젝트를 진행할 때 더 자세히 살펴보도록 하겠습니다.

최근에, XBee 하드웨어를 생산하는 Digi International에서는 802.11 b/g/n Wi-Fi가 지원되는 새로운 XBee를 발표했습니다. 이는, 컴퓨터와의 통신을 위해 기존에 사용해오던 방식인 XBee를 FTDI 케이블로 컴퓨터에 연결하여 사용하는 방법이 필요 없어졌다는 뜻이지요. 저는 이러한 방법을 사용하면 들어가는 비용이 그 편리성보다 더 많이 들기 때문에 굳이 이 신제품을 사용할 필요성을 느끼지 않았습니다. 이 책에 수록된 프로젝트들은 기존에 사용해오던 방식을 그대로 사용할 것입니다. 만일 이 새로운 방식에 흥미가 있다면, Digi 사의 홈페이지에 나와 있는 XBee Wi-Fi 페이지[6]를 확인하기 바랍니다.

앞서 나온 설명 뿐만 아니라 많은 책과 온라인 자료를 통해 기초적인 전기/전자 지식, 아두이노 프로그래밍, 무선 통신에 대해 배울 수 있습니다. 여기에서는 프로젝트에서 앞으로 사용할 하드웨어에 대해 간단하게 알아본 것뿐입니다. 다음 절에서는 조립한 하드웨어를 움직이게 할 소프트웨어에 대해 알아봅니다.

2.2 소프트웨어 이해하기

아두이노 코드를 짜는 데 사용되는 C/C++ 문법에 대한 이해와 더불어서, 자바, 루비, 파이썬에 대한 이해가 있다면 이 책을 이해하는 데 큰 도움이 될 것입니다. 루비온레일스^{Ruby on Rails}에 대한 경험도 도움이 되지요.

이러한 언어에 대한 이해가 부족하더라도, 이 책에 서술된 코드를 그대로 사용하고 실행한다면, 리눅스나 맥 계열의 컴퓨터에서는 문제없이 실행될 것입니다. 다만, 윈도를 사용한다면, 파이썬과 루비를 설치하고 자바 유틸리티와 기타 유틸리티를 별도로 설치해야 하는데, 이 책에서 사용되는 몇몇 유틸리티는 유닉스를 기반으로 작동하는지라 윈도에서는 실행할 수 없을 겁니다. 컴퓨터에 선호하는 리눅스 계열 운영체제를 설치하고, OSX 관련 작업을 위해서 맥 미니를 사용하는 것으로 충분합니다. 이렇게 제작된 홈 서버는 이 책에서 다루는 다른 하드웨어에 비해서 크게 비용이 들지 않습니다.

---

6   http://www.digi.com/xbeewifi

나중에 안드로이드 클라이언트와 서버 애플리케이션을 작성할 때 자바에 대한 이해가 있다면 작업이 수월합니다. 물론 파이썬과 루비를 다뤄본 경험이 있다면 더욱 좋지요. 일반적으로 파이썬은 맥과 거의 모든 리눅스 운영체제에 기본적으로 탑재되어 나옵니다. 참고로, 이 책에서 다루는 거의 모든 서버 계통 스크립트는 파이썬을 기반으로 합니다. 자바나, 펄, PHP, 루비를 굳이 사용하고 싶은 개발자가 있다면 자신의 취향에 맞게 포팅해 사용하면 됩니다. 자신이 원하는 프로그램 언어로 책에 나와 있는 코드를 포팅해 다른 독자들과 웹사이트에서 공유하기를 권장합니다.

2.3 재미있으면서도 안전하게 진행합시다

이 책에 서술된 모든 프로젝트는 제작자가 전기적 충격이나 기타 등의 위험한 요소에 노출되지 않도록 세심한 주의를 기울여서 설계되었습니다. 하드웨어를 조립하면서 제작자가 그 과정을 안전하게 즐길 수 있도록 배려가 되어있습니다.

이 책의 저자인 저와 출판사는 이 책에 서술된 프로젝트를 진행하다가 일어나는 파손이나 사건, 사고에 관한 책임이 없습니다.[7] 공식적으로 인증된 전기기술자, 배관공, 인테리어 작업자라서 자신이 하는 일을 정확하게 알고 있는 게 아니라면, 집에 설치된 배선에 손대지 말기 바랍니다. 굳이 진행하고 싶다면, 전문가를 불러서 작업을 진행하길 바랍니다. 이러한 작업들을 전문가에게 맡기는 것은 시간과 돈을 아낄 뿐만 아니라, 위험을 예방하는 방법이기도 합니다. 게다가 전문가가 작업하는 동안 그 시간을 좀 더 멋진 가정 자동화 프로젝트를 생각해 내는 데 투자할 수 있습니다.

이제 충분히 필요사항과 주의사항에 대해서 설명했으니, 다음 절로 넘

---

[7] 특히 프로젝트에서 사용하는 하드웨어를 임의로 고쳐서 사용하는 것도 해당이 됩니다. 자세한 사항은 '이미 경고했지만, 자신의 책임하에 진행하십시오!'(23쪽)를 참고하세요.
(옮긴이) 인사이트 출판사와 옮긴이는 이 책의 내용을 따라하는 과정에서 생긴 손해, 부상, 비용에 대한 책임을 지지 않습니다. 독자 여러분의 안전에 항상 주의를 기울이기 바랍니다.

어갑시다. 이제 드디어 가정 자동화 프로젝트를 위한 코드를 짜고 하드웨어를 조립하는 단계에 이르게 되었습니다.

이미 경고했지만, 자신의 책임하에 진행하십시오!

자신의 안전은 자기가 책임을 져야 합니다. 이 책에 서술된 방법은 모두 자신의 책임하에서 시행해야 합니다. 이 책의 저자와 출판사는 이 책에 실린 내용을 시행하다가 일어나는 그 어떠한 파손, 상해, 피해에 관한 책임이 없습니다.

프로젝트를 진행하면서 하는 활동이 합법적인 영역 내에서 진행되도록 조절하는 것도 독자 개인의 책임하에서 진행해야 합니다. 하드웨어 제조사들이 공시하는 법정 한도와 제한은 늘 바뀌고 있습니다. 그 결과 여기 수록된 몇몇 프로젝트는 그 바뀐 한계치에 따라서 오작동을 할 수도 있습니다. 또한, 바뀐 규정에 따라 사용하고 있던 기기들이 순식간에 불법이 되거나 기타 규약을 어기는 사태가 발생할 수 있다는 사실을 유념하기 바랍니다.

프로젝트들에서 사용되는 전동 공구, 전기, 그리고 다른 재료들은 주의해서 다루지 않는다면 위험할 수 있습니다. 작업을 진행할 때 늘 안전 장구를 착용하고 공구들을 다루기 바랍니다. 또한, 공구를 다루는 방법을 제대로 숙지하고 있는지 점검할 필요가 있으면, 프로젝트를 안전하게 진행할 수 있을 정도의 실력을 갖추고 있는지 확인한 후에 진행하기 바랍니다. 이 책에 서술된 프로젝트는 어린이가 따라하기에 적합하지 않습니다.

프로젝트를 진행하면서 겪을 수도 있는 위험에 대해서 충분히 마음의 준비를 한 다음에 프로젝트에 착수하십시오. 예를 들어, 집에서 사용되는 220v 전원을 다루는 것이 불안하다면 해당 프로젝트는 진행하지 않는 게 좋습니다. 또한, 별도의 지방 법령이 존재할 수도 있으니 작업에 들어가기 전에 주변에 있는 전문가에게 문의한 후에 작업을 시작하는 것을 권장합니다.

자신이 위험을 감수할 수 있을 만한 프로젝트만 진행하길 바랍니다.

무운을 빌며, 즐거운 시간을 보내길 바랍니다!

2부

8가지 프로젝트

## 3장

수위 경보기

저처럼 미국 중서부 지역에서 거주한다면, 폭우가 지하실에 얼마나 큰 영향을 미치는지 잘 아실 겁니다. 폭우가 쏟아지는데 배출 펌프가 고장이 나서 물이 차오르는 사실을 모르고 있다가 나중에 땅을 치고 후회하는 경우가 많습니다. 만일 펌프가 고장이 나서 물이 차오르는 것을 미리 알았더라면 물건들을 밖으로 옮겨서 침수 피해를 막을 수 있었을 텐데 말이지요.

지하 저장고에는 일반적으로 제습기를 설치해 놓습니다. 저렴한 제습기는 물받이에 물이 가득 차면 그냥 작동을 멈추고 끝납니다. 약간 더 고급 모델들은 경고음을 내거나 불빛으로 물받이가 가득 찼다는 것을 알립니다. 하지만 사용자가 자주 찾아오지 않는 곳에 제습기가 설치되어 있다면 이러한 알림들은 별로 효과가 없습니다.

만일, 자동으로 물이 차오른 정도를 알려주는 이메일이 날아온다면 적당한 시기에 조치를 취하기에 좋지 않을까요? (그림1 '당신의 집이 이메일을 보낼 수 있게 하세요'를 참조하세요.) 그렇다면 이렇게 편리하게 쓰일 수 있는 수위 경보기를 제작해 봅시다.

3.1 필요한 물품

이 프로젝트를 진행하기 위해서 제일 중요한 부품은 flex 센서입니다. 수위의 상승은 이 센서를 휘게 만들고, 이 센서가 휘어짐에 따라서 센서에 흐르는 전류의 값이 상승하거나 하강합니다. 이 센서의 상태를 확인하는 것은 간단한 아두이노 프로그램이고, 센서는 아두이노의 3.3v 혹은 5.0v 핀을

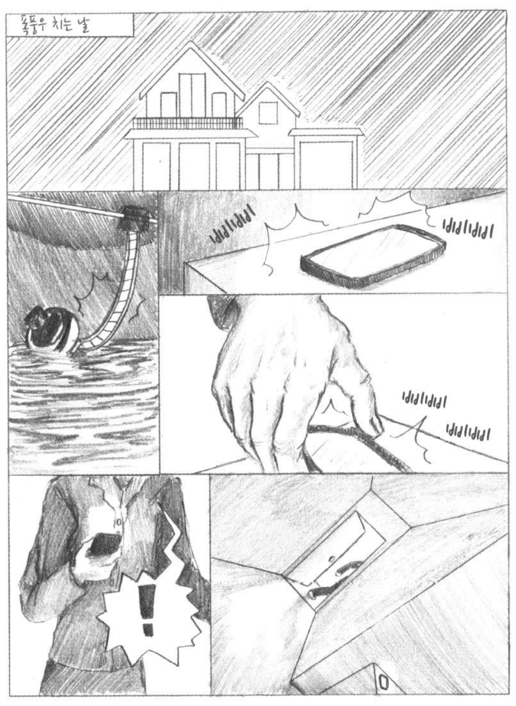

통해서 전력을 공급받습니다.

여기에 필요한 부품의 목록이 있습니다. (사진2 '수위 경보기 부품들'을 참고하세요.)

1. 아두이노 우노 1개

2. 아두이노 이더넷 실드 1개

3. flex 센서 1개

4. 10k 옴 저항 1개

5. 지름 4cm 정도의 낚시찌 1개

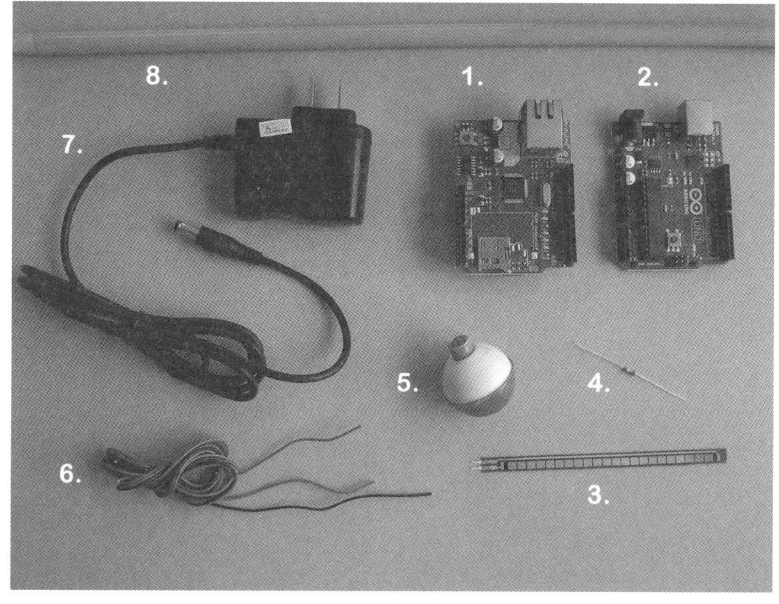

6. 적당한 길이의 전선 3가닥(전원, 접지, 아날로그 0번 핀)

7. 아두이노와 이더넷 실드에 전력을 공급할 9v DC 전원 공급 장치

8. flex 센서를 부착할 나무 재질의 막대기나 판재

9. PHP4.3 이상의 웹서버 (사진에는 나와 있지 않음)

또한, 아두이노와 컴퓨터를 연결할 표준 규격의 A-B USB 케이블, 아두이노 이더넷 실드를 네트워크에 연결하는 데 쓰일 인터넷 케이블이 필요합니다.

이번 프로젝트에 사용되는 하드웨어의 총 비용은, 아두이노와 아두이노 이더넷 실드는 다른 프로젝트에서도 재사용하기 때문에 이 두 물품의 가격을 제외하면, 총 2만원 정도입니다. 앞으로 물이 차오르는지 신경을 쓰지 않아도 되고, 여기서 한 단계 더 발전된 프로젝트를 진행할 수 있다고 생각한다면 사용된 비용은 아깝지 않을 것입니다.

3.2 제작 과정 미리보기

수위 경보기를 완성시켜서 알림 신호를 보내게 하기 위해서는 아래의 과정을 거쳐야 합니다.

1. flex 센서의 단자 부분에 전선과 저항을 달고, 그 반대편 끝에 낚시찌를 부착합니다.
2. flex 센서에 연결된 전선을 아두이노의 아날로그 핀에 연결합니다.
3. 아두이노에 집어넣을 프로그램을 작성합니다. 이 프로그램은 flex 센서가 보내는 값을 읽고 큰 변화가 감지되면 명령받은 작업을 수행합니다.
4. PHP 웹서버와 통신을 할 수 있도록 아두이노 보드에 아두이노 이더넷 실드를 연결합니다.
5. 아두이노로부터 오는 신호를 받을 PHP 스크립트를 짭니다. 물 높이

가 바뀔 경우, PHP 스크립트는 이메일 알림을 주인에게 전송할 것이고, 그 알림을 받음으로써 상황에 빠르게 대처할 수 있습니다.

이제 하드웨어를 조립하고, flex 센서의 성능을 시험해 봅시다.

3.3 조립하기

flex 센서를 사용하기 전에 이 센서가 정상적으로 작동하는지 시험을 해보겠습니다. 먼저, 센서의 +극을 전선을 이용해 아두이노의 5.0v 핀에 연결합니다. flex 센서를 수직으로 세웠을 때, 수직으로 내려가는 흔적이 보일 텐데, 그것이 +극입니다. -극은 사다리의 가로대 같은 무늬를 이루고 있습니다. 센서의 - 극에서 전선을 이어서 아두이노의 아날로그 0번 핀에 연결합니다. 마지막으로, 아날로그 0번 핀과 접지 핀을 10k옴 저항을 사용해 연결해 줍니다. 이는 회로에 흐르는 전류량을 줄이기 위한 조치입니다. 센서를 제대로 연결했는지 확인하기 위해 그림3 '수위 경보기 배선도'를 참고하세요.

낚시찌를 flex 센서의 끝에 달아줍니다. 낚시찌 대부분에는 센서에 연결할 수 있는 갈고리가 달려있습니다. 만일 낚시찌가 센서에 제대로 부착되지 않는다면, 글루건이나 수축 튜브를 사용해 고정해도 좋습니다. 단, 낚시찌를 부착하는 과정에서 센서에 과도한 열을 가하면 센서를 망가뜨릴 수도 있으니 조심해야 합니다. 전기 테이프를 사용해도 괜찮지만, 시간이 지나면서 풀릴 수도 있으니 참고하세요.

아두이노 설정

아두이노 IDE를 사용해 아두이노에 사용될 코드를 작성하고 컴파일한 다음, 아두이노에 업로드합니다. 아두이노 프로그래밍을 더 알고 싶다면, 마

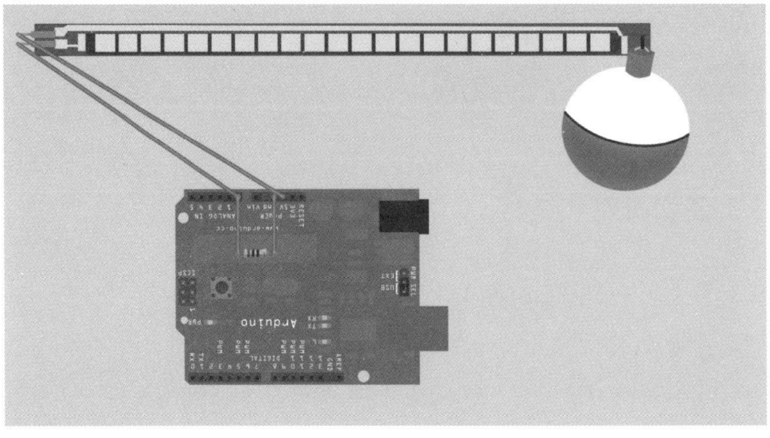

이크 슈미트^{Maik Schmidt}의 『나의 첫 아두이노 프로젝트』^{Arduino: A Quick Start Guide}를 읽어보세요.

아두이노에 이미 익숙하거나, 어서 프로젝트를 진행하고 싶다면 아두이노 IDE를 실행을 시킵니다. 먼저 아두이노가 USB 케이블로 컴퓨터와 연결되어 있고, 아두이노 IDE에서 Tools→Serial Port menu로 들어가 설정된 시리얼 포트에 인식되어 있는지 확인하세요. 확인되었다면, File→Examples→1.Basics→Blink menu를 들어가서 아두이노에 업로드한 후, 아두이노가 제대로 작동하는지 확인하세요.

만일 정상적으로 작동하지 않는다면, 아두이노가 제대로 컴퓨터에 연결되어 있는지, USB 전원이 제대로 들어와 있는지 확인해 주세요. 만일 연결이 제대로 되어있다면, 아두이노 IDE에서 지정한 시리얼 포트로 정확히 연결했는지 혹은 Tools→Board에서 사용 중인 아두이노 보드의 모델을 제대로 선택했는지 확인하세요. 이러한 문제점을 바로잡으면 문제가 해결될 것입니다.

flex 센서를 위한 코드

아두이노 보드를 점검하였으니, 이제 flex 센서를 시험해 보기 위한 코드를 짜볼 차례입니다. 코드에 사용되는 몇몇 상수를 정의하면서 시작하겠습니다. 실제 사용할 때 센서가 양쪽으로 휘어질 수도 있으므로, 상수 설정은 최대치와 최저치 한계를 둬야 하기 때문에 총 두 가지로 설정하겠습니다.

상수는 코드의 초반에 배치하면 나중에 수정할 필요가 있을 때 쉽게 찾을 수 있습니다. 그리고 관례상 상수 정의는 위쪽에 배치하여 코드를 확인하기 편하도록 배려합니다. 이 두 상수를 편의상 FLEX_TOO_HI와 FLEX_TOO_LOW로 부릅시다. 이 사이의 값은 센서가 휘는 한계치로, 사용자가 희망하는 값으로 설정해 두면 됩니다. 제 경우에는 +-5 정도의 값을 설정하여 약간의 휨 정도는 무시할 수 있도록 했습니다. 너무 센서를 예민하게 설정하면 가벼운 바람이나 약간의 진동에도 반응할 수 있기 때문이지요.

아두이노에 달려있는 LED와 flex 센서가 연결된 아날로그 핀에도 설정 값을 정해야 합니다.

- FLEX_TOO_HIGH는 flex 센서가 연결된 아날로그 핀에 들어가는 신호가 특정 값 이상일 때를 의미합니다. 센서가 앞으로 휘었을 때를 뜻합니다.

- FLEX_TOO_LOW는 flex 센서가 연결된 아날로그 핀에 들어가는 신호가 특정 값 이상일 때를 의미합니다. 이는 센서가 뒤로 휘었을 때입니다.

- ONBOARD_LED는 아두이노의 13번 핀에 탑재된 LED를 지칭합니다. 이 LED는 flex 센서가 어느 정도 이상 휘었을 때, 그 상태를 불빛으로 표현합니다. 이는 이 LED를 flex 센서가 제대로 작동하는지 판단하는 일종의 디버거로 사용할 수 있도록 해줍니다.

- FLEX_SENSOR는 아날로그 0번 핀에 연결된 flex 센서입니다. 저항이 0번 핀에 연결이 되어있기 때문에 값은 0입니다.

이러한 상수는 코드의 시작점에서 정의됩니다.

```
#define FLEX_TOO_HI 475
#define FLEX_TOO_LOW 465
#define ONBOARD_LED 13
#define FLEX_SENSOR 0
```

이제 flex 센서의 변하는 값을 포착하기 위한 두 가지 경우의 수를 설정하고, 초기 값을 0으로 설정하겠습니다.

- bend_value는 flex 센서가 휘면서 변화하는 아날로그 값을 저장합니다.
- bend_state flex 센서의 상태를 이진법으로 나타냅니다. 센서가 직선 상태라면 그 값은 0, 어느 쪽으로라도 휜 상태라면 그 값은 1입니다.

이러한 변수들은 앞서서 정의한 상수를 따를 것입니다.

```
int bend_value = 0;
byte bend_state = 0;
```

상수들이 정의되고, 변수들이 초기 설정되었다면, 계속해서 변화하는 값을 모니터링할 시리얼 포트를 설정해야 합니다. flex 센서의 bend_state에 따라서 반응할 온 보드 LED도 설정되어야 합니다.

```
void setup()
{
    // 시리얼 윈도 디버깅용 코드
    Serial.begin(9600);
    // 온보드 led용 핀 설정
    pinMode(ONBOARD_LED, OUTPUT);
}
```

flex 센서의 휘는 상/하 범위를 정의했으므로, 센서의 최댓값을 초과했는지 확인을 할 루틴이 필요합니다. 만약, 최댓값을 초과했다면, 아두이노의 온 보드 LED를 켭니다. 그리고 flex 센서가 다시 평상시의 올바른 상태로 돌아간다면, LED를 끕니다.

```
void SendWaterAlert(int bend_value, int bend_state)
{
digitalWrite(ONBOARD_LED, bend_state ? HIGH : LOW);
if (bend_state)
    Serial.print("Water Level Threshold Exceeded, bend_
                 value=");
else
    Serial.print("Water Level Returned To Normal bend_
                 value=");
Serial.println(bend_value);
}
```

코드 첫째 줄을 보면, digitalWrite(ONBOARD_LED, bend_state ? HIGH :LOW);가 있는데, 이 명령어는 함수로 넘겨준 값(0 또는 1)에 기반을 둔 flex 센서의 현재 상태를 가져옵니다. 이후의 상태는 아두이노 IDE의 시리얼 창에 메시지로 뜹니다. bend_state가 true(HIGH)이면, flex 센서가 정해둔 값 이상으로 휜 것입니다. 만일 false(LOW)이면, flex 센서가 직선입니다(예: 물 높이가 상승하지 않을 때). 이 모든 것은 프로그램의 메인 루프에 쓰여 있습니다. 이는 FLEX_SENSOR 핀(현재 아날로그 핀 0으로 설정되어 있음)의 값의 증감을 매 초 확인합니다. flex 센서에 변화가 생겨 event가 발생한다면, bend_value를 serial 포트로 전송하여 그것을 아두이노 IDE의 시리얼 창으로 볼 수 있게 해줍니다.

```
void loop()
{
    // 매번 작업을 수행할 때마다 1초씩 여유를 둡니다
    delay(1000);
    // FLEX_SENSOR 전압 값을 가져옵니다
    bend_value = analogRead(FLEX_SENSOR);
    // 기선 측정을 위해 bend_value를 출력합니다
    // 기선의 최대/최소 한계치는 정의되어 있습니다
    Serial.print("bend_value=");
    Serial.println(bend_value);
    switch (bend_state)
    {
    case 0: // bend_value는 최대/최소 값을 넘지 않을 때 실행되는 부분입니다
            if (bend_value >= FLEX_TOO_HI || bend_value <=
            FLEX_TOO_LOW)
            {
                bend_state = 1;
```

```
                    SendWaterAlert(bend_value, bend_state);
                }
                break
        case 1: // bend_value가 최대/최소 값을 넘을 때 실행되는 부분입니다
                if (bend_value < FLEX_TOO_HI && bend_value >
                    FLEX_TOO_LOW)
                {
                    bend_state = 0;
                    SendWaterAlert(bend_value, bend_state);
                }
                break
        }
    }
```

코드의 메인 루프는 flex 센서의 값을 매 초 가져옵니다. switch 구문은 flex 센서의 상태를 매번 확인합니다. 만약 마지막 상태가 직선 상태(case 0)였다면, 그게 최대/최소 한계치를 넘었었는지 확인합니다. 만일 그렇다면, 기록된 대로 bend_state 값을 설정한 후 SendWaterAlert 함수를 호출합니다. 반대로, flex 센서의 마지막 상태가 구부러진 상태(case 1)였다면, 지금은 직선 상태인가를 체크합니다. 만약 그렇다면, bend_state 값을 0으로 만든 후, 이제 이 상태를 SendWaterAlert 함수로 전송합니다.

사용한 flex 센서의 모델과 아두이노 이더넷 실드 모델의 차이, 전원 핀의 차이에 따라서 설정한 기준선과 실제 기준선이 다를 수 있습니다. 제 경우에는 470 정도가 나왔습니다.

설명 한 줄마다 끝과 브래킷에 쉼표를 붙여서 조건부 블록을 구별하는 데 사용하였습니다. 평소에 선호하는 소스 컨트롤 시스템으로 코드를 짜고 저장한 후에 진행하는 것도 좋습니다. 저는 Git[1]을 추천합니다만, Mercurial이나 Subversion도 괜찮습니다. 다만, 버전 관리 시스템 없이 사용하는 것은 권장하지 않습니다.

프로젝트를 진행하며 조금 더 진도를 나아가서, SendWaterAlert 기능이

---

[1]   http://git-scm.com/

PHP 서버에 연결할 수 있게 만들 것입니다. 이것은 알림과 bend_value 값을 포함한 내용의 이메일을 보낼 수 있도록 해줍니다. 하지만 그렇게 프로그램을 짜기 이전에 지금까지 만든 하드웨어의 작동을 확인하기 위해서 아두이노 IDE의 시리얼 창에 뜬 메시지를 읽어 보겠습니다.

코드 실행

진행하던 작업을 저장하고, 아두이노 IDE의 툴바에 있는 'Verify' 버튼을 선택합니다. 이것은 코드에 문법 에러가 존재하는지 체크합입니다. 에러가 없다는 것을 확인한 후에, 'Upload' 버튼을 눌러서 코드를 아두이노로 보냅니다. 코드를 받는 동안, 아두이노의 온 보드 LED가 깜박거릴 것입니다. LED의 점멸이 끝난 후라면 코드가 실행되고 있을 것입니다.

아두이노의 IDE의 시리얼 모니터 창을 열어 보세요. 아직 Serial. print에 값을 입력하지 않았다는 전제하에, 시리얼 모니터에 1초에 한 번씩 지속해서 스크롤되어 올라가는 숫자들을 관찰하세요. 만약 창에 표시되는 글자들이 엉망진창이라면, 시리얼 모니터의 오른쪽 하단에 있는 드롭다운 리스트에서 올바른 baud rate를 설정했는지 확인해 보세요(이 경우는 9600입니다). flex 센서가 직선일 때, 앞으로 휘었을 때, 뒤로 휘었을 때의 값에 신경 써 보세요.

전기적인 저항치에 따라서, 그리고 사용한 하드웨어의 종류에 따라서 변경되었을 LEX_TOO_HIGH의 값과 FLEX_TOO_LOW의 값을 시리얼 창에서 보이는 값들로 수정합니다. 해당 값들을 입력한 후, 프로그램을 저장하고 아두이노로 다시 업로드합니다. 그리고 앞서 시행했던 과정을 만족스러운 결과가 나올 때까지 반복합니다.

최대/최소 한계치를 제대로 조정했다면, flex 센서를 휜 후에, 아두이노의 온 보드 LED가 제대로 점등되는지 확인하세요. 마찬가지로, 센서를 똑바로 직선으로 편 후에, LED가 소등되는지 확인하기 바랍니다.

작동 확인

하드웨어를 제대로 조립했고, 업로드된 아두이노 코드가 제대로 작동한다고 확신한다면, 물을 채운 양동이에 낚시찌를 띄워보는 것으로 실전 테스트를 시행합니다. 물에 담그기 전에, 센서의 노출된 납땜부가 전기 테이프로 제대로 방수 처리가 되어있는지 확인합니다. 그 다음 양동이에 물을 채운 후, 검지와 중지로 센서의 끄트머리를 잡고 물에 담급니다.

테스트를 시행하면서 낚시찌가 물의 부력 때문에 물 위에 뜨고, flex 센서는 그 움직임에 맞추어서 앞 혹은 뒤쪽으로 제대로 휘는지 점검합니다.

테스트를 진행하면서 flex 센서를 완전히 물밑으로 담그지 않도록 주의합니다. 아두이노에 흐르는 전류량은 낮지만, 물과 전기의 조합은 끔찍한 사고를 낳을 수도 있습니다. 좀 더 안전에 확신을 기하고 싶다면, flex 센서와 낚시찌를 비닐봉지에 담아서 시험할 수도 있습니다. 테스트 과정 중에서 노출된 전선이나 전기 접점이 젖지 않도록 주의를 기울이길 바랍니다. 만일 물에 젖는다면 기기가 손상되거나 상해를 입을 수도 있습니다.

수위 경보기의 기본 기능은 이로써 완성되었습니다. 만일 이것이 과학 과제이거나 항상 아두이노로 수위를 확인하는 경우에는 여기서 그만두어도 되지만, 아직 경보 기능이 LED가 켜지는 수준밖에 되지 않기 때문에, 실질적으로 일상생활에서 사용하기 위해서는 좀 더 강화된 알림 기능이 필요합니다.

강화된 알림 기능으로써 이메일 알림을 받는 게 좋겠지요. 더군다나 만일 수위 경보기가 설치된 곳이 자주 방문하는 장소가 아니라면 더욱 유용할 것입니다. 이메일 알람 기능을 갖춘 경보기는 주인으로부터 더 먼 곳에서도 작동할 수 있습니다. 가령, 주인이 여행을 떠나서 집을 비웠을 경우에 말이지요.

앞서 말한 것을 실현하기 위해서는 아두이노 보드에 아두이노 이더넷 실드를 부착하고, 이메일을 보낼 수 있도록 코드를 짜서 입력해야 합니다.

당장 하드웨어를 더 장착하기 전에, 아두이노가 이메일을 보낼 수 있도록
웹 베이스 이메일 알림 애플리케이션을 제작해야 합니다.

3.5 웹 메일러 작성

아두이노에서 이메일을 보낼 수 있게 해주는 라이브러리는 흔하지만, 이
들은 대개 독립적인 형식의 메일 서버를 사용합니다. 메일을 보내기 위한
코드를 아두이노를 위해서 컴파일할 수는 있지만, 실질적으로 메일을 보
내기 위해서는 중간 중재 시스템이 필요합니다.

만일 SMTP 형식의 메일 서버에 접근할 수 있는 권한이 있다면, 마이크
슈미트의 『나의 첫 아두이노 프로젝트』를 읽어 보세요. 이 책에서는 SMTP
형식의 메일 서버와 아두이노를 사용한 메일 송신 법에 대해서 자세하게
다룹니다. 만일 SMTP 서버에 접근할 수 있는 권한이 없다면, 평범한 PHP
스크립트를 지원하는 웹 호스팅 서비스를 통하여 메일을 보내는 방식을
사용하면 됩니다.

이 프로젝트를 위하여, 저는 PHP 스크립트를 지원하며 SMTP 아웃 바운
드 게이트웨이를 지원하기도 하는 서버 형식을 구축하기로 정했습니다.
이 형식은 Dreamhost.net과 Godaddy.com과 같은 인기 있는 웹사이트 호
스팅 회사들도 채용하는 형식입니다.

이메일을 보내는 PHP 스크립트는 굉장히 짧습니다. 먼저, 두 가지 인자
를 서버에 보냅니다. 이는 어떤 종류의 알림인지와 flex 센서가 기록한 값
입니다. 그리고 이메일 주소, 제목, 내용으로 구성된 이메일 메시지를 구성
합니다. 그리고 이메일을 보내면 됩니다.

```php
<?php
// 알림의 종류를 이메일에 보내고
// flex 센서의 현재 값을 알아낸다
$alertvalue = $_GET["alert"];
$flexvalue = $_GET["flex"];
$contact = 'your@emailaddress.com'
```

```php
if ($alertvalue == "1")  {
    $subject = "Water Level Alert"
    $message = "The water level has deflected the flex
    resistor to a value of " . $flexvalue . "."
    mail($contact, $subject, $message);
    echo("<p>Water Level Alert email sent.</p>");
} elseif ($alertvalue == "0")  {
    $subject = "Water Level OK"
    $message = "The water level is within acceptable
levels.
    Flex resistor value is " . $flexvalue . "."
    mail($contact, $subject, $message);
    echo("<p>Water Level OK email sent.</p>");
}
```

위 스크립트는 내장된 PHP mail 기능을 불러오는데, 이는 수신인, 제목, 메일의 내용 3가지 핵심 필요 변수를 만족합니다.

이 코드를 PHP 서버의 루트 웹 디렉터리에 wateralert.php 파일로 저장해 놓습니다. 이 스크립트를 시험해 보려면 웹 브라우저를 열고 http://MYPHPSERVERNAME/wateralert.php?alert=1&flex=486으로 들어가면 됩니다. 이 페이지에서는 'Water Level Alert email sent.'라고 메시지가 떠야 합니다. 그리고 그에 해당하는 이메일 메시지가 수신인의 메일함에 도착

왜 이 프로젝트에서 PHP를 지원하는 웹서버를 사용하나요?

PHP를 지원하는 웹서버가 가장 흔한 웹호스팅 서버 종류 중 하나이기 때문입니다. VPS(가상 개인 서버)에서 호스팅되는 루비온레일스나 장고(Django) 같은 더 최신의 웹 애플리케이션 프레임워크를 개인적으로 선호하지만, 이 기술은 PHP보다 널리 지원되지 않습니다. 이것은 우리가 내부 웹서버를 구축하거나(나중에 7장 「인터넷으로 제어하는 전등」에서 다룰 내용입니다), VPS에 접근 권한이 있다면 큰 문제가 되진 않습니다. 하지만 웹서버와 이메일 서버 두 가지를 개인이 관리하는 일은 꽤 까다롭기 때문에 그냥 간단한 방법으로 선택하였습니다.

이메일을 PHP를 통해서 보내는 것은 단 한 줄의 코드로 이루어진 단 한 개의 PHP 파일로도 보낼 수 있습니다. 만일 자신이 선호하는 웹 프레임워크를 통해 이메일을 보내는 코드를 짜고 싶다면 시도해 보세요. 만약 성공한다면, 그 발견을 이 책의 커뮤니티에서 공유해 주세요.

해 있어야 합니다. 만일 그렇지 않다면, PHP 서버의 설정이 이메일 게이트웨이를 사용하는지 확인하기 바랍니다. 만일 해결되지 않는다면, 웹사이트 호스팅 제공자에게 연락해서 PHP 이메일 메시징 기능이 제대로 활성화되어 있는지 확인해야 합니다.

아두이노에서 돌아가는 메일 전송 코드를 추출해 내는 것만으로도 쉽게 메시지의 수신인과 내용을 수정할 수 있습니다.

메시지 게이트웨이를 제작하는 것을 완료하였으니, 이제 아두이노 보드와 아두이노 이더넷 실드를 연결해 수위 경보기가 인터넷에 연결되도록 해야 합니다.

알림에 보안 기능을 추가하는 방법

이 프로젝트를 영구적으로 설치해 사용할 계획이라면, 아두이노가 메시지를 보낼 수 있도록 해주는 PHP 스크립트를 짤 때 보안 기능을 추가해 아두이노만 메시지를 보낼 수 있도록 조치를 취하기를 권장합니다.

이 작업은 간단하게 HTTP GET 파라미터에 암호 값을 집어넣거나, 아두이노와 웹 서버 사이의 인증 대화에 좀 더 보안이 강화된 해시 거래 방식을 도입하는 방법이 있습니다. 보안 기능을 강화하는 것은 이 프로젝트의 초점에서 벗어나는 작업이지만, 외부에 노출된 PHP 이메일에 남들이 접속하지 못 하도록 막는 것이 좋습니다.

3.6 아두이노 이더넷 실드를 연결하기

아두이노 보드에 아두이노 이더넷 실드를 연결하는 방법은, 아두이노 우노 보드 위에 아두이노 이더넷 실드를 포개어 얹는 형식으로 연결하면 됩니다. 올바르게 연결했다면, 인터넷 소켓이 아두이노 보드의 USB 소켓 바로 위에 포개어 얹어지는 모양새가 나옵니다. 아두이노 보드에 연결해 두었던 flex 센서의 전선을 뽑아서 아두이노 이더넷 실드의 5v와 아날로그 0번(A0) 핀에 다시 이어줍니다.

아두이노 보드에서 접지(GND)와 A0을 연결했었던 10k옴 저항도 아두이노 이더넷 실드로 옮겨줍니다. 그러고 나서 flex 센서를 다시 테스트해 봅니다. 제가 시험해본 결과, 옮겨서 장착한 센서의 기초 값이 약간 달라지는 결과가 나왔습니다. 이러한 오차는 실사용에 영향을 끼칠 수도 있기에, 이에 대해서 재측정을 해 코드를 수정해야 합니다.

이제 아두이노가 네트워크를 지원하게 되었으니, flex 센서의 상태를 PHP 서버로 전송하는 코드를 짤 차례입니다.

아두이노 이더넷 실드를 코딩하기

아두이노 이더넷 실드를 거쳐서 데이터를 보냅니다. 하지만 반드시 이더넷 라이브러리와 그것이 의존하는 직렬 주변장치 인터페이스[SPI]에 대한 레퍼런스를 코드에 포함해야 합니다. 이 두 라이브러리는 이더넷 실드 초기화에 필요한 코드를 포함하고 있으며, 네트워크 설정 값으로 초기화할 수 있게 해줍니다. 두 라이브러리 모두 아두이노 IDE에 기본적으로 포함되어 있기에, 우리가 해야 할 일은 SPI.h와 Ethernet.h 라이브러리를 #include 구문을 사용해 포함하는 것뿐입니다. 이 코드의 맨 앞부분에 추가시켜 주세요.

```
#include <SPI.h>
#include <Ethernet.h>
```

이더넷 라이브러리 문제를 해결했으니, 이제 매체 접근 제어[MAC]와 IP 주소를 설정할 수 있습니다. DHCP 라이브러리는 아두이노 커뮤니티에서 쉽게 구할 수 있지만, 그냥 고정 IP 주소를 설정하는 것이 더 편리합니다.

예를 들어, 만일 홈 네트워크의 게이트웨이 주소가 102.168.1.1이라면, 아두이노 이더넷 실드의 주소를 192.168.1.230과 같은, 더 높은 IP 주소로 설정하면 됩니다. 고정 IP를 오랫동안 사용할 계획이라면, 집에서 사용하는 라우터의 설명서를 참조해 DHCP 네트워크 내에서 사용할 IP 주소의 범위를 확인하세요.

```
// 이더넷 실드의 파라미터 설정
byte MAC[] = { 0xDE, 0xAD, 0xBE, 0xEF, 0xFE, 0xEF };
// 이 이더넷 실드의 IP 주소를
// 자신의 네트워크 범위 값으로 교체하기
byte IPADDR[] = { 192, 168, 1, 230 };
// 게이트웨이/라우터 주소로 교체하기
byte GATEWAY[] = { 192, 168, 1, 1 };
// subnet 어드레스로 교체하기
byte SUBNET[] = { 255, 255, 255, 0 };
// 이 IP 주소를 사용하는 PHP 서버 IP 주소로 바꾸기
byte PHPSVR[] = {???, ???, ???, ??? };
// 클라이언트 객체를 초기화하고 이를 HTTP 80포트로 연결하는 PHP 서버의 IP
주소에 할당한다
Client client(PHPSVR, 80);
```

아두이노 이더넷 실드가 사용할 고정 MAC과 IP 주소를 위한 상수를 설정하세요. GATEWAY 값에 사용하고 있는 인터넷 라우터의 주소를 넣고, SUBNET 값도 넣으세요. (대부분의 홈 네트워크의 서브넷 값은 255.255.255.0입니다.) 코드의 setup 루틴보다 PHP 서버의 IP 주소가 먼저 선언되어야 합니다.

상수가 정의되었으니, 이제 아두이노 이더넷 실드를 제대로 초기 설정할 수 있습니다.

```
void setup()
{
    // 시리얼 윈도 디버깅을 위해서
    Serial.begin(9600);
    // 디지털 13번 핀을 온 보드 led를 위한 출력으로 사용
    pinMode(ONBOARD_LED, OUTPUT);
    // 이더넷 실드를 정의된 MAC과 IP 주소로 초기 설정
    Ethernet.begin(MAC, IPADDR, GATEWAY, SUBNET);
    // 이더넷 실드가 초기화 하는 것을 기다리기
    delay(1000);
}
```

이제 네트워크 연결 작업을 마쳤으니, PHP 서버에 알림 이메일을 보내는 페이지를 구축하는 일이 남았습니다.

> ### 리눅스와 이더넷 라이브러리에 있는 아두이노
>
> 리눅스 버전의 아두이노 IDE를 사용하고 있다면, 이더넷 레퍼런스 라이브러리를 사용하는 데에 문제가 있을 수 있습니다. 이 문제는 이더넷 실드와의 통신 오류로 인해서 발생하는 것입니다. 다행히도 다른 이더넷 라이브러리인 'Ethernet2'(http://code.google.com/p/tinkerit/source/browse/trunk/Ethernet2+library/Ethernet2/)를 사용하면 해결되는 문제입니다. 이에 대해서 더 자세히 알아보려면 부록 A 「아두이노 라이브러리 설치」를 참조하세요. Ethernet2 라이브러리를 설치한 후에, #include속에 들어있는 손상된 Ethernet.h를 #include Ethernet2.h로 변경하세요.

> ### 아두이노 이더넷 실드와 DNS, DHCP
>
> 이더넷 라이브러리는 DNS 혹은 DHCP 기능을 기본적으로 탑재하고 있지 않습니다. 이 기능은 새로운 아두이노 플랫폼이 출시된다면 탑재될 것으로 기대됩니다. 하지만 그날이 올 때까지는 'www.mycoolwaterlevelproject.com'과 같은 웹 서버 주소를 사용할 수가 없고, 그저 IP 주소만을 사용해야 한다는 것입니다.
> 하지만 다행스럽게도 조지 카인들의 노력 덕분에 아두이노 이더넷 실드로도 DNS와 DHCP를 사용할 수 있게 되었습니다. 만일, 아두이노의 이미 꽉 찬 저장 공간에 더 우겨넣어서라도 사용하기를 원한다면, 카인들의 이더넷 라이브러리로 방문해 보시길 바랍니다(http://gkaindl.com/software/arduino-ethernet).
> Ethernet 오브젝트를 Ethernet.begin(MAC, IPADDR, GATEWAY, SUBNET);에서 사용을 한다면 여기서 이더넷 실드가 MAC 주소와 IP 주소 초기 설정을 한다는 점을 참고하시길 바랍니다.

메시지 보내기

여태까지 진행한 프로젝트는, 아두이노로 하여금 flex 센서가 측정한 아날로그 값을 측정하게 하고, 아두이노 이더넷 실드로 하여금 네트워크에 연결하도록 하였고, PHP 서버 스크립트에 연결할 수 있도록 진행을 하였습니다. 이제 남은 것은 ContactWebServer를 추가하는 것뿐입니다.

ContactWebServer 루틴은 SendWaterAlert가 기록한 두 가지 종류의 파라미터(band_value와 bend_state)를 받을 것입니다. flex 센서의 상태가 바뀔 때마다 PHP 웹서버에 연락을 취하기 때문에, SendWaterAlert 바로 뒤에 ContactWeb-Server(bend_value, bend_state);를 추가합니다.

이제 거의 끝났습니다. 이제 해야 할 일은 ContactWebServer 함수를 작성하는 것뿐입니다. 이것은 PHP 웹서버와의 연결과 HTTP GET 문자열을 서버로 전송하는 역할을 담당합니다. 전송될 문자열은 bend_state와 bend_value 값을 가지고 있습니다. 이것들은 이제 서버에서 파싱(처리)되고 PHP 함수가 결과를 보내올 것입니다.

```
void ContactWebServer(int bend_value, int bend_state)
{
        Serial.println("Connecting to the web server to send
                       alert...");
        if (client.connect())
        {
                Serial.println("Connected to PHP server");
                // HTTP 요청을 보내라:
                client.print("GET /wateralert.php?alert=");
                client.print(bend_state);
                client.print("&flex=");
                client.print(bend_value);
                client.println(" HTTP/1.0");
                client.println();
                client.stop();
        }
        else
        {
                Serial.println("Failed to connect to the web
                               server");
        }
}
```

이제 완성된 코드를 테스트할 차례입니다. 아두이노에 코드를 업로드하고, 시리얼 모니터 창을 띄웁니다. 그 다음 flex 센서를 구부려 본 다음에, 메일함에 이메일이 제대로 왔는지 확인을 합니다. "Water Level Alert"와 "Water Level OK"이라는 제목의 이메일을 수신했다면 제대로 작동한 것이고, 아니라면 아두이노가 홈 네트워크에 연결이 제대로 된 것이 아니므로 확인을 위해 아두이노의 IP 주소로 핑을 보냅니다.

웹 브라우저에 http://MYPHPSERVER/wateralert.php?alert=1&flex=486 를 입력해서 들어갔을 때 이메일이 수신되는지 확인하세요. PHP 서버를 테스트하기 위한 절차입니다. 모든 게 제대로 작동한다면 이제 프로젝트를 마무리하기 위해서 마감 작업을 시작합니다.

모두 준비 완료

완성된 하드웨어는 그림 4 '조립된 수위 경보기'와 같은 모습을 띠고 있을 것입니다. 이제 남은 작업은 flex 센서를 경보기를 사용할 장소에 제대로 설치하는 일입니다. 단, 주의할 점은 센서가 휘어질 것을 고려하고 설치를 해야 경보기가 제대로 작동한다는 사실입니다.

두 가닥의 전선이 부착된 부분이 flex 센서를 고정할 지점입니다. 수위가 상승할 때, 이 부분이 단단히 고정되어 있어야 수위 경보기가 제대로 작동할 수 있습니다. 만일 제대로 고정이 되어있지 않다면, flex 센서가 휘어지지 않고 그 결과, 물이 차오르더라도 제대로 된 경보를 보낼 수 없습니다.

글루건, 수축 튜브, 혹은 전기 테이프를 사용하여 고정을 시도해 봐도 제대로 고정이 안 된다면, flex 센서의 양옆에 작은 나뭇조각을 고정해서 센서를 고정할 수도 있습니다. 나뭇조각의 길이를 약 2cm 정도로 잘라서 센서 옆에 고정시킨 후, 그 나뭇조각을 전기 테이프로 몇 번 감아서 단단하게 고정하도록 합니다.

배수조에 고정하는 경우라면, 수조의 뚜껑을 제거하고, 배수조의 지름을 재야 합니다. 그 후에 철물점에 가서 배수조 위에 걸칠 만한 길이로 나무막대를 잘라옵니다. 그리고 그 나무막대를 수조 위에 걸쳐서 사용합니다.

제습기에도 비슷한 방식으로 처리를 해주면 됩니다. 센서를 고정하기 위해서 긴 나무막대를 사용하기보다는, 그냥 나무 옷걸이를 잘라서 사용

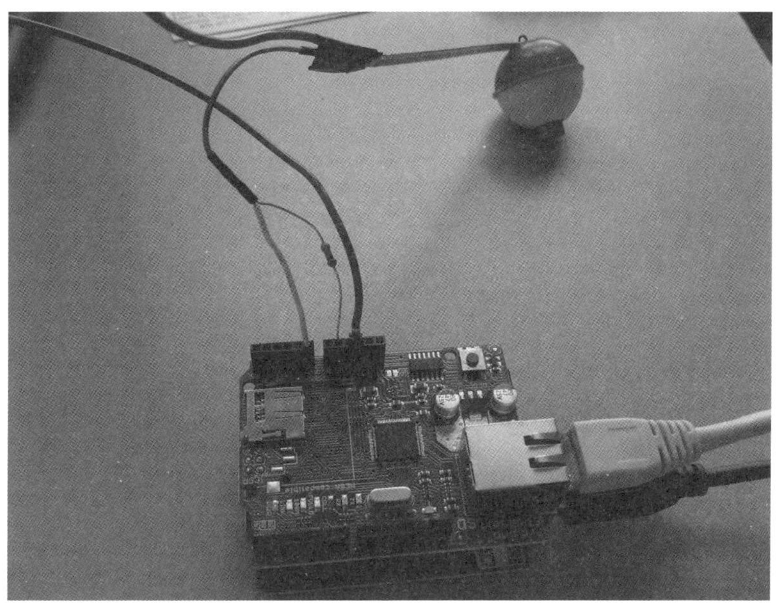

하는 게 더 편합니다. 나무 옷걸이의 중심에 센서를 달고 제습기의 물받이 위에 낚시찌를 띄워두면 되는데, 이때 물받이의 높이에 따라서 적당히 센서의 높낮이를 조절해서 적당한 시점에 수위 경보가 울리도록 합니다.

설치가 제대로 되었다고 판단된다면, 낚시찌와 센서를 밀봉이 가능한 작은 플라스틱 백에 담아서 밀봉합니다. 이는 물이 넘치더라도 센서가 물에 젖는 사태를 막아줍니다. 그리고 아두이노 보드는 수위를 측정하는 곳에서 멀찍이 떨어진 곳에 배치합니다. 아두이노 보드에 9v 전원공급 장치를 연결해 주고, 아두이노 이더넷 실드에는 네트워크 케이블을 연결해 줍니다. 이제 전원을 넣어주고, 마지막 작동 확인을 하고 나면 성공입니다.

이제 측정하는 장소의 뚜껑을 다시 덮어주고 나중에 경고 메시지가 올 때에만 찾아와서 확인해 주면 됩니다.

3.8 다음 단계

첫 아두이노 기반의 가정 자동화 프로젝트를 성공한 것을 축하합니다. 이 프로젝트를 진행하면서 다른 프로젝트에 응용해서 사용할 수 있는 많은 아이디어를 얻으셨을 것입니다. 이 프로젝트에서는 아두이노 프로그래밍, flex 센서에서 정보를 얻고 처리하기, PHP를 적용한 웹 서버를 통해서 아두이노에서 이메일 보내기를 진행했습니다. 이러한 개념들은 뒤에서 다룰 프로젝트에서도 다시 사용됩니다.

직접 만들고 진행하는 프로젝트의 최대 장점은 제작자 자신이 필요한 제품을 자신의 마음에 들도록 제작할 수 있다는 점이지요. 만일 수위 경보를 이메일이 아닌 트윗으로 받아보고 싶다면 별문제가 아닙니다. 이메일 송신 기능을 코드에서 제거하고, 트위터 송신 기능으로 변경하면 됩니다. 조용히 오는 전자적인 메시지보다 뭔가 블록버스터 영화처럼 화려한 시각적인 신호로 알림을 받고 싶다면, 큼지막한 전구를 달고 그것을 통제할 코드를 짜면 됩니다.

flex 센서를 가정에서 더욱 다양하게 사용할 수 있는 아이디어들을 아래 서술해 보았습니다.

- flex 센서가 보내는 데이터는 휘었는지 안 휘었는지 여부 뿐만이 아니라, 정확하게 어느 정도 휘었는지에 대한 정보가 포함되어 있습니다. 이를 강우량 측정 같은 용도로도 활용할 수 있습니다.
- 코드에 매시간 flex 센서의 데이터를 PHP 서버를 통해서 수신할 수 있도록 추가를 합니다. 이렇게 하면 매시간 flex 센서의 상태를 확인할 수 있습니다. 만일 값이 0이 나온다면 센서가 망가졌다는 뜻이고, 999보다 큰 값이 나온다면 회로가 합선되었다는 뜻입니다. 이러한 값을 감지하면 주인에게 메시지를 보낼 수 있도록 조치를 취합니다. 또한, 두 시간 이상 정보를 수신하지 못한다면 주인에게 그 사실을 알리는 기능을 추가할 수도 있습니다. 이렇게 하면 주인은 기기의 상태를 원격으로 점검

할 수 있습니다.

- flex 센서는 기온에 따라서 영향을 받을 수도 있으니, 온도 센서를 달아서 주변 환경의 변화에 따른 센서의 오차 수치를 수정할 수 있도록 합니다.
- 낚시찌를 풍속계로 교체한 후에, 지붕에 달아 놓는다면, 훌륭한 풍속 경보기로 활용할 수 있습니다. 이는 지붕의 타일이 떨어져 나가거나 손상을 입을 정도의 바람이 불 때 이메일로 주인에게 알림 이메일을 보내 줄 것입니다. 풍속계는 과학 기자재 상점에서 쉽게 구할 수 있습니다.
- 애완동물을 위해서 현관문에 위로 젖히는 문을 달아놓았다면, 문짝의 한쪽 끝에 flex 센서를 달고, 센서의 나머지 한쪽 끝을 비닐 튜브에 집어넣은 후에 비닐 튜브를 현관문에 고정하면 됩니다. 제대로 설치되었다면, 애완동물용 출입구는 자유롭게 여닫을 수 있으면서 flex 센서는 문이 열릴 때마다 휩니다. 센서와 웹캠을 연동시켜서 애완동물용 출입구로 출입하는 물체가 집에서 키우는 애완동물인지, 아니면 불청객인지 확인할 수 있습니다.

## 4장

전자 경비견

큰 개를 키우는 가정에 방문해 보았다면, 초인종을 누르는 순간 들리는 개 짖는 소리 때문에 놀랐던 적이 있을 것입니다. 개를 키우는 사람들은 대부분 경비처럼 집안을 감시하는 개의 역할에 만족스러워 합니다. 이 북슬북슬한 녀석들은 인기척이 느껴지면 벌떡 일어나서 밖에서 누가 무슨 짓을 하는지 알아 내려고 문을 향해 짖고 주둥이를 부딪히는 등 난리를 피웁니다.

전자 경비견을 제작해 사용한다면, 진짜 개를 키우는 것과 비슷한 경비 효과를 얻으면서도 진짜 개를 키울 때 신경 써야 하는 일들을 하지 않아도 됩니다. (그림 5 '전자 경비견으로 원치 않는 손님을 돌려 보내세요'를 참조하세요.)

이 프로젝트는 아두이노 보드와 아두이노 웨이브 실드^{Wave Shield}, 패시브 적외선 센서^{PIR}, 서보모터를 조합해서 제작됩니다. 제작 완료 후, 이 조합은 마치 침입자를 쫓고 싶어서 안달이 난 개와 같은 소리를 만들어 낼 것입니다. 이 장치는 서보모터에 솜뭉치가 달린 막대를 달아놓고, 커튼 뒤쪽에 설치해 놓는 형식을 취합니다. 움직임이 감지되면 서보모터가 회전하면서 커튼을 긁고, 개가 으르렁거리고 짖는 소리를 아두이노 웨이브 실드를 통해 재생합니다. 이 소리와 움직임은 마치 개가 시끌벅적하게 커튼 뒤에서 밖을 내다보려고 하는 행동과 유사합니다.

완성된 전자 경비견은 휴대할 수 있고 출입구, 창문가 등 원하는 곳에 설치할 수 있으니, 필요에 따라서 원하는 곳에서 사용하면 됩니다.

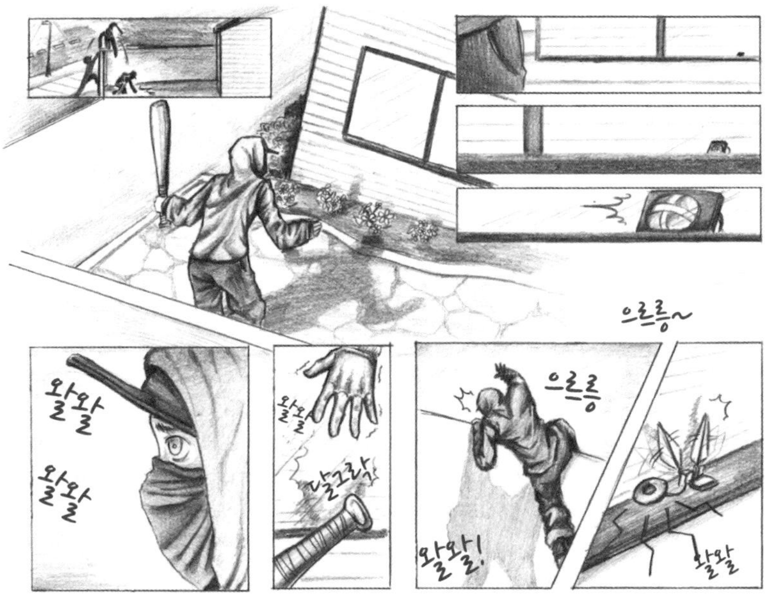

4.1 필요한 물품

몇 가지의 부품만 있으면 이 프로젝트를 제작할 수 있습니다. 모든 부품을 합한 가격은 10만 원 이하로 책정했습니다. 여기에 사용된 모든 부품은 다른 프로젝트나 훗날 진행할 DIY 프로젝트에 재사용할 수 있기 때문에 합리적인 가격이라고 생각합니다. 전자 경비견을 제작하기 위해서는 그림 6 '전자 경비견 부품'과 같은 부품이 필요합니다.

1. 아두이노 Uno 1개
2. 아두이노용 Adafruit 음악&소리 팩 1세트[1](아두이노 웨이브 실드, 스피커, 전선, SD카드)

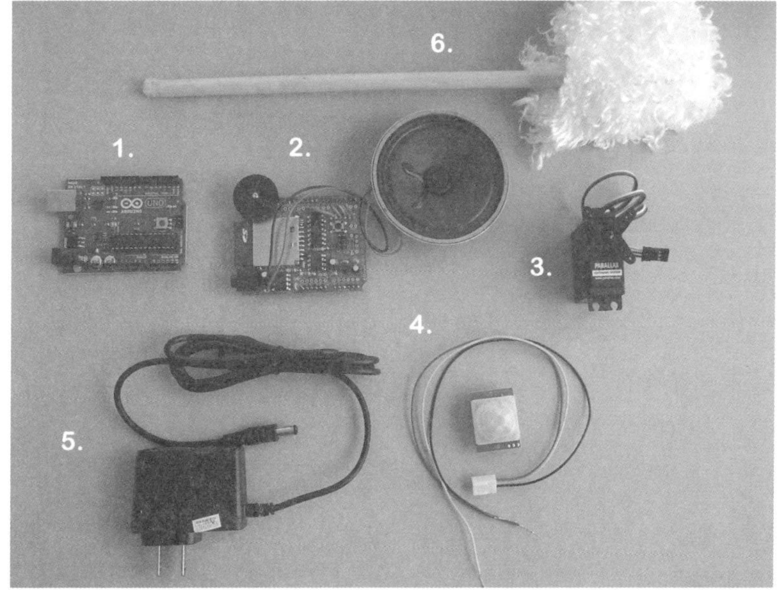

3. 하이토크 서보모터 1개[2]

4. 패시브 적외선 센서[PIR] 1개

5. 아두이노 전원공급용으로 사용할 9v DC 전원공급기 1개

6. 완충용 솜뭉치가 달린 나무막대 1개

7. 전선, 서보모터에 나무막대를 고정할 종이 철사 혹은 고무줄

위 부품들 외에도, 아두이노와 컴퓨터를 연결하는 데 사용할 표준 A-B USB 케이블도 필요합니다. 서보모터는 인근에 있는 RC모형점에서 구매하시면 됩니다. 적외선 센서는 오프라인으로는 fry's나 라디오색[Radio Shack], 온

---

1 http://www.adafruit.com/products/175
2 http://www.adafruit.com/products/155

라인에서는 에이다프루트, 스파크펀과 같은 몇몇 전자부품 상점에서 구할 수 있습니다.

프로젝트의 3가지 핵심 부분을 조립하면서 시작해 봅시다.

4.2 제작 과정 미리보기

이 프로젝트는 이 책에 수록된 프로젝트 중에서도 제작하기 쉬운 편에 속합니다. 아두이노와 아두이노 실드 모듈, 센서, 서보모터로만 구성되어있기 때문에 간단합니다. 프로젝트가 완성되면 그림 7 '전자 경비견'처럼 됩니다. 아래와 같은 방식으로 제작합니다.

1. 아두이노 에이다프루트 웨이브 실드를 아두이노에 연결합니다.
2. 적외선 센서를 아두이노 웨이브 실드의 전원, 접지, 디지털 핀에 연결합니다.
3. 서보모터를 아두이노 웨이브 실드의 전원, 접지, 디지털 핀에 연결합니다.
4. 아두이노 웨이브 실드가 서보모터를 통제하고 작동시키기 위한 추가 라이브러리를 다운로드합니다.
5. 적외선 센서에 움직임이 감지되었을 때 서보모터를 무작위로 움직이게 하고, 저장된 소리를 재생하게 할 코드를 짭니다.
   아두이노 웨이브 실드를 조립하고 테스트해 보지 않았다면, 레이디에이다의 방법[3]을 참고해 진행하세요. 작동 확인을 마친 뒤에, 아두이노 실드에 적외선 센서와 서보모터를 장착하면 성능을 향상시킬 수 있습니다.

---

3   http://www.ladyada.net/make/waveshield

MP3 파일을 실행시킬 수 있는 아두이노 실드가 있나요?

스파크펀에서 '아두이노 MP3 실드'라고 하는, 에이다프루트의 '아두이노 웨이브 실드'와 비슷한 기능을 가진 아두이노 모듈을 판매합니다(http://www.sparkfun.com/products/9736). 다만, 이 두 모듈은 사용하는 라이브러리가 달라서 저는 그냥 아두이노 웨이브 실드로 작업하는 내용만 다루도록 하겠습니다. 아두이노 MP3 실드를 사용하고 싶다면 스스로 개척해 나가야 할 것입니다. 그리고 WMA, MIDI, Ogg와 같은 파일 형식을 재생하고 싶다면 '아두이노 시드 뮤직 실드Seed Music Shield'를 구매해 사용하면 됩니다(http://www.makershed.com/ProductDetails.asp?ProductCode=MKSEEED14).

4.3 전자 경비견 조립

그림 8 '전자 경비견 배선도'를 보세요. 이 그림은 아두이노 웨이브 실드에 어떻게 배선을 할지 보여줍니다. 아두이노 웨이브 실드는 아두이노 보드위에 포개져 있습니다. 아두이노 웨이브 실드는 아두이노 보드와 연결하기 위해 몇 가지 핀을 사용하기 때문에 코드를 작성할 때 해당 핀들은 사용할 수 없습니다. 또한, 문제가 생기지 않게 하려면 배선도대로 배선을 하세요.

적외선 센서의 +극을 아두이노 웨이브 실드의 3.3v 핀에 연결하세요. -극은 아두이노 웨이브 실드의 남는 접지 핀에 연결하면 됩니다. 그리고 신호선(적외선 센서의 중간 핀)은 아두이노 웨이브 실드의 12번 디지털 핀에 연결하세요.

서보모터의 +선을 아두이노 웨이브 실드의 5v 핀에 연결하세요. -선은 아두이노 웨이브 실드 남는 접지 핀에 연결하면 됩니다. 그리고 신호선은 아두이노 웨이브 실드의 11번 디지털 핀에 연결하세요.

잠깐 테스트를 하려는 용도라면 전선에 핀을 달아서 아두이노 웨이브 실드의 소켓에 그냥 끼워 넣을 수도 있습니다. 좀 더 확실한 연결을 원한다

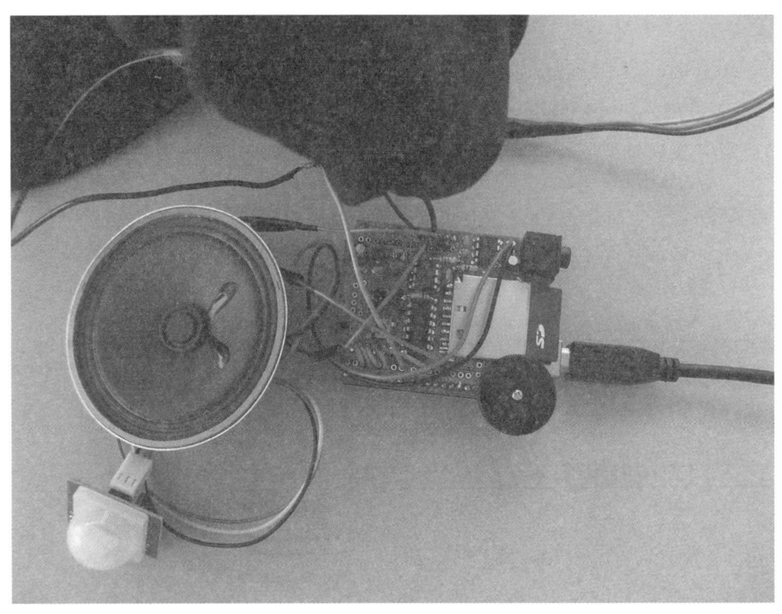

면, 헤더 핀을 사용하면 됩니다. 헤더 핀은 아두이노 보드를 판매하는 상점에서 취급합니다. 만일, 아두이노 웨이브 실드를 이 프로젝트만을 위해서 사용할 생각이라면, 그냥 전선을 납땜해 버리는 방법도 있습니다.

코드를 작성하기 전에, 개가 짖거나 으르렁거리는 소리를 직접 녹음하거나 인터넷에서 다운로드를 한 후에 코드를 작성하는 작업을 진행해야 합니다.

직접 소리를 녹음하는 방식은 시간이 많이 소요되고, 일단 주변인들이 큰 개를 키우고 있어야 가능합니다. 또한, 주인이 명령하는 대로 짖고 으르렁대는 등 명령을 잘 들어야 하며 마이크를 직접 갖다 대야 하는 단점이 있습니다. 그렇지만 결과적으로 얻게 되는 소리의 질은 매우 뛰어납니다.

인터넷으로 화난 개가 내는 소리를 찾아서 다운로드하는 방법은 편리하

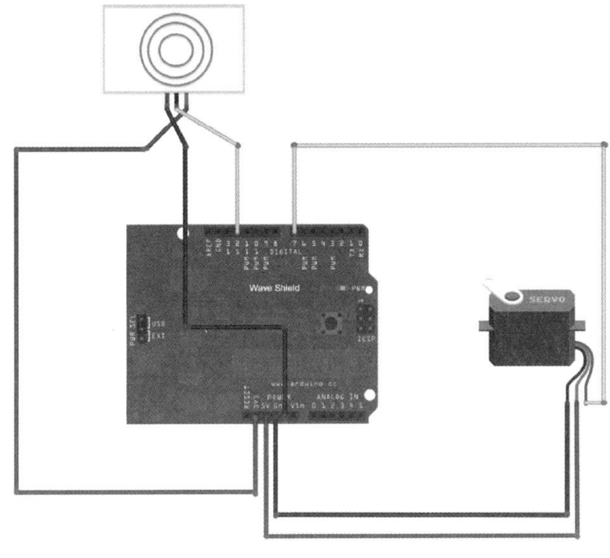

지만, 진짜 개가 짖는 듯한 소리를 찾기는 쉽지 않습니다. 무엇보다도, 한 가지 종의 개가 짖는 소리로 통일한 파일을 구하기가 어렵다는 점이 큰 문제입니다. 도베르만의 날카로운 으르렁대는 소리와 미니 푸들의 짖는 소리에는 큰 차이가 있습니다. 또한, 인터넷에서 음원을 다운로드하는 행위는 저작권 문제도 고려해야 합니다. 그래서 저는 '프리사운드 프로젝트[4]'라는 무료 샘플 음원 제공 사이트를 추천합니다.

 필요한 오디오 파일을 구했다면, 그 파일을 아두이노 웨이브 실드가 읽을 수 있는 파일 형식으로 변환해야 합니다. 레이디에이다의 웹사이트에 서술된 방식[5]에 따르면, 파일은 22kHz 16비트 모노 PCM[WAV] 형식을 벗어나서는 안 된다고 합니다. SD 카드의 저장 공간이 충분하기 때문에 최대한

4　Freesound Project, http://www.freesound.org

5　http://www.ladyada.net/make/waveshield/convert.html

좋은 품질의 오디오 파일을 넣는 게 좋습니다. 다만, 이 프로젝트를 위해서
사용할 오디오 파일의 길이는 서보모터와의 연동을 위해 5초를 넘기지 않
도록 해야 합니다.

오디오 파일을 원하는 형식으로 변환하고 저장하기 위해서 오다시티
Audacity[6] 같은 오디오 변환 프로그램을 사용하는 것도 좋습니다. 변환한 오
디오 파일을 아두이노 웨이브 실드의 SD 카드에 집어넣고, dap_hc.pd 코
드[7]를 실행해서 오디오 파일이 아두이노 웨이브 실드에서 정상적으로 작
동하는지 미리 확인해 봐야 합니다. 이 프로젝트에서는 레이디에이다가
짠 코드를 약간 수정해서 씁니다. 원래 코드에서는 wavehc 라이브러리
를 이용하지만, 편의를 위해 좀 더 오래된 AF_Wave 라이브러리를 사용
합니다. 해당 라이브러리를 변경해서 아두이노 커뮤니티의 구성원 중 하
나인 avandalen이 만든 MediaPlayer 라이브러리[8]를 사용할 수 있습니다.
MediaPlayer 라이브러리를 사용하면 음악 파일을 다루는 작업이 손쉬워집
니다. 다음 단계에서 이 라이브러리와 서보모터를 위한 라이브러리를 다

---

6   http://audacity.sourceforge.net/
7   http://www.ladyada.net/make/waveshield/libraryhc.html
8   http://www.arduino.cc/playground/Main/Mediaplayer

루는 법을 알아보도록 하겠습니다.

4.4 전자 경비견 프로그래밍

이 프로젝트를 위해서 작성한 코드는 적외선 센서가 움직임을 감지하는지 확인할 것입니다. 만일 움직임이 감지된다면, 아두이노 웨이브 실드는 SD 카드에 저장된 5가지의 음악 파일 중 하나를 무작위로 선택해 재생합니다. 음악 파일이 재생되는 동안, 서보모터는 재생되는 소리의 종류에 따라 다른 방식으로 150도까지 회전을 합니다. 여기에 나무 막대기를 달아서 서보모터를 커튼 뒤에 배치하면, 마치 개가 창밖을 보려고 커튼 뒤에서 주둥이를 문질러 대는 듯한 효과를 낼 것입니다.

먼저, MediaPlayer.h 헤더 파일을 pgmspace.h(아두이노에 기본적으로 설치된 메모리 관리 라이브러리)와 util.h(아두이노 웨이브 실드에 기본 탑재되었던 AF_Wave 라이브러리) 파일과 함께 코드에 추가합니다. MediaPlayer가 AF_Wave 라이브러리에 의존하기 때문에, 다운로드해서 압축을 풀어둔 AF_Wave 라이브러리 폴더[9]를 미리 아두이노의 libraries 폴더에 넣어두도록 합니다.

아두이노 IDE에 'ElectricGuardDog'라고 이름 붙인 새로운 코드를 생성합니다. 아두이노 playground 사이트[10]에서 MediaPlayer를 다운로드해 압축을 풀면 MediaPlayer.h, MediaPlayer.pde, MediaPlayerTestFunctions.pde 이렇게 3가지 파일이 나옵니다. 이 파일을 앞에서 ElectricGuardDog.pde 코드를 생성했을 때 생성되었을 ElectricGuardDog 폴더에 모두 넣습니다. 이 순서대로 시행한다면, Mediaplayer 라이브러리를 사용할 준비가 완료된 것입니다.

---

9   http://www.ladyada.net/media/wavshield/AFWave_18-02-09.zip
10   http://www.arduino.cc/playground/ Main/Mediaplayer

이제 남은 작업은, 서보모터를 구동하기 위한 커스텀 라이브러리를 설치하는 일입니다. 만일 코드를 아두이노 서보 정보를 사용해 작성한 뒤에 바로 컴파일하려고 한다면 아래와 같은 에러가 발생할 것입니다.

```
Servo/Servo.cpp.o: In function `__vector_11':
/Applications/Arduino.app/Contents/Resources/Java/libraries/
Servo/Servo.cpp:103:
multiple definition of `__vector_11'

AF_Wave/wave.cpp.o:/Applications/Arduino.app/
Contents/Resources/Java/libraries/AF_Wave/wave.cpp:33: first
defined here
```

이 에러는 AF_Wave 라이브러리가 서보모터 라이브러리에 간섭을 가하기 때문에 일어나는 현상입니다. 이 문제는 마이클 마골리스[Michael Margolis]가 작성한 라이브러리를 사용하면 해결됩니다. 그가 작성한 라이브러리는 기존의 서보모터 라이브러리가 가지고 있던 아두이노 웨이브 실드와의 리소스 충돌 문제를 회피하고, 서보모터를 8개까지 통제할 수 있게 해줍니다.

ServoTimer2 라이브러리[11]를 다운로드해 압축을 풀면 나오는 Servo Timer2 폴더를 아두이노의 libraries 폴더에 집어넣습니다. 참고로, 아두이노의 libraries 폴더에 새로운 라이브러리를 추가할 때마다 아두이노의 avr-gcc가 인식하기 위해서는 아두이노 IDE를 재시작해야 합니다.

아두이노 웨이브 실드의 AF_Wave 라이브러리와 서보모터의 Servo Timer2 라이브러리에 관련된 문제를 해결했다면, 아래의 레퍼런스 코드를 작성 중인 코드의 시작부에 추가하기 바랍니다.

```
#include <avr/pgmspace.h>
#include "util.h"
#include "MediaPlayer.h"
#include <ServoTimer2.h>
```

아두이노의 핀 지정과 센서와 액추에이터의 시작 값을 저장하기 위해서

변수 값을 설정합니다.

```
int ledPin = 13; // 온보드 LED
int inputPin = 12; // 적외선 센서를 위한 입력 핀
int pirStatus = LOW; // LOW로 설정(움직임이 감지되지 않음)
int pirValue = 0; // inputPin의 상태를 읽기 위한 변수
int servoposition = 0; // 서보모터의 시작점
```

서보모터를 조종하고 소리를 내게 하기 위해서 MediaPlayer와 ServoTimer2를 사용하여 오브젝트 두 개를 생성합니다.

```
ServoTimer2 theservo; // ServoTimer2로부터 서보 오브젝트 생성
MediaPlayer mediaPlayer; // MediaPlayer로부터 mediaplayer 오브젝
                        // 트 생성
```

setup() 루틴의 아두이노 변수 pinModes에 값을 설정합니다. 그리고 아두이노 IDE 시리얼 창과 연결해 움직임과 음악 재생 이벤트를 감지할 수 있도록 합니다. 아두이노의 무작위 숫자 생성을 위해 randomSeed() 함수를 호출합니다. 아날로그 0번 핀의 값을 불러옴으로써, 핀의 전기적 노이즈에 근거한 더 나은 무작위 숫자를 생성해 낼 수 있게 됩니다.

```
void setup()  {
    pinMode(ledPin, OUTPUT); // 온보드 LED의 pinMode를 OUTPUT으로 설정
    pinMode(inputPin, INPUT); // 적외선 센서의 inputPin을 INPUT으로
                             // 입력받도록 설정
    theservo.attach(7); // 서보모터의 디지털 출력을 7번 핀에 연결
    randomSeed(analogRead(0)); // 아두이노 무작위 숫자 생성기
    Serial.begin(9600);
}
```

라이브러리, 변수, 오브젝트의 초기 설정을 마쳤으니 이제 코드의 메인 루프를 작성할 차례입니다. 기본적으로, 적외선 센서를 매초 호출해서 특별한 변화가 있는지 확인해야 합니다. 만일 적외선 센서가 움직임을 감지한다면, 'HIGH' 신호를 12번 핀으로 보냅니다. 이 신호가 감지된다면, 온보드 LED가 점멸되고 움직임이 감지되었다는 메시지를 아두이노 IDE의 시리얼 창으로 띄웁니다.

앞서 제작한 무작위 변수 시드를 기반으로 1-5 사이의 숫자를 무작위

로 생성해 냅니다. 아두이노는 생성된 값에 따라서 다른 음악 파일을 재생하고, 서보모터를 작동시킵니다. 그 이후엔, 서보모터를 원위치로 되돌리고 몇 초간 대기 시간을 가집니다. 그리고 루프를 다시 시작합니다. 만일 적외선 센서에 움직임이 감지되지 않는다면(12번 핀에 들어오는 신호가 'LOW'인 경우) 온 보드 LED는 소등되고, 아두이노 IDE의 시리얼 창에 No motion 메시지를 띄우며 음악 파일의 재생을 멈추게 한 후 pirStatus 값을 'LOW'로 설정합니다.

```
void loop() {
      pirValue = digitalRead(inputPin); // 적외선 센서의 값을 불러온다
      if (pirValue == HIGH)  { // 움직임이 감지된다면
      digitalWrite(ledPin, HIGH); // 온 보드 LED를 점등
      if (pirStatus == LOW)  { // 움직임이 감지되지 않는다면 (준비 동작)
              Serial.println("Motion detected");
              // 1-5 사이의 숫자를 무작위로 생성하여
              // 숫자에 해당되는 파일을 재생하며 서보모터를 지정된 각도로 작동
              switch (random(1,6))  {
              case 1:
                      Serial.println("Playing back 1.WAV");
                      theservo.write(1250);
                      mediaPlayer.play("1.WAV");
                      break
              case 2:
                      Serial.println("Playing back 2.WAV");
                      theservo.write(1400);
                      mediaPlayer.play("2.WAV");
                      break
              case 3:
                      Serial.println("Playing back 3.WAV");
                      theservo.write(1600);
                      mediaPlayer.play("3.WAV");
                      break
              case 4:
                      Serial.println("Playing back 4.WAV");
                      theservo.write(1850);
                      mediaPlayer.play("4.WAV");
                      break
              case 5:
                      Serial.println("Playing back 5.WAV");
                      theservo.write(2100);
                      mediaPlayer.play("5.WAV");
                      break
              }
              delay(1000); // 1초 동안 대기
```

```
                theservo.write(1000); // 서보모터를 원위치로 복귀
                pirStatus = HIGH; // pirStatus 변수 값을 HIGH로
                // 만들어서 동작을 반복하는 걸 멈춘다
        } else {
                digitalWrite(ledPin, LOW); // 온 보드 LED 소등
                if (pirStatus == HIGH) {
                        Serial.println("No motion");
                        mediaPlayer.stop();
                        pirStatus = LOW; // pirStatus를 LOW로
                        // 만들어서 움직임 이벤트에 대해 준비한다
                }
        }
    }
```

작성한 코드를 ElectricGuardDog.pde로 저장을 한 뒤에, ElectricGuard Dog.pde 소스파일이 담겨져 있는 ElectricGuardDog 폴더를 엽니다. 압축을 해제한 MediaPlayer 파일들을 해당 폴더 내에 집어넣고, ServoTimer2 라이브러리 파일이 아두이노의 libraries 파일 안에 넣어져 있는지 확인합니다.

아두이노 IDE를 다시 실행시키고, ElectricGuardDog.pde 파일을 불러옵니다. 툴바에 있는 Verify 아이콘을 눌러서 컴파일 에러가 있는지 확인합니다. 만일 모든 코드를 제대로 입력하였고, 라이브러리 파일을 올바른 위치에 배치하였다면 에러가 검출되지 않을 것입니다. 만일 에러가 검출된다면, 에러 메시지를 읽고 짐작이 가는 부분을 수정합니다.

코딩이 완료되었으므로 이제 테스트를 해보고 코드를 세부 조정합시다.

4.5 시험해 보기

움직임을 감지하기 편한 곳에 적외선 센서를 배치하고, 코드를 아두이노에 다운로드한 다음에 아두이노 IDE의 시리얼 창를 열어둡니다.

적외선 센서 앞에 손을 흔들어 봐서 작동을 시켜봅니다. 전자 경비견은 무작위로 선정된 개 짖는 소리를 재생함과 동시에 서보모터가 움직이게 할 것입니다. 여기에서 서보모터의 회전 방식을 다르게 하려면 theservo.

write() 값을 1000~2200 사이의 값 중 마음에 드는 값으로 조정합니다. 각도를 사용하지 않고 마이크로초 단위를 사용하는 이유는 ServoTimer2 라이브러리가 서보모터의 작동 각도를 통제하는데, 도수를 사용하지 않고, 마이크로초 단위로 인식하기 때문입니다. 그러므로 직접 실험을 해가면서 적당한 값을 찾아서 설정해야 합니다.

서보모터의 움직임을 직접 실험해 보고 설정을 완료했다면, 이제 하드웨어의 배치를 완료해야 합니다.

4.6 실전 배치

적외선 센서가 설치될 곳을 생각해 봅시다. 창문 바로 뒤에 설치해서 센서가 밖을 바라보도록 해도 센서는 밖에서 움직이는 물체를 포착해 내질 못할 겁니다. 적외선 센서가 설치되어야 할 장소는 센서의 시야를 가리는 장애물이 없는 곳이어야 합니다. 만일 센서를 설치할 장소가 현관문 앞이라면, 현관문 위쪽에 센서를 설치한 후, 전선을 이어서 실내에 설치된 아두이노 보드에 연결합니다.

작동되는 소리를 들어보면, 아두이노 웨이브 실드를 구매할 때 같이 딸려온 작은 스피커로 재생하는 소리는 음량이 너무 작아서 옆방에서는 들리지도 않을 것입니다. 아두이노 웨이브 실드에 달린 헤드폰 출력 잭으로 붐박스나 홈 오디오 같은 별도의 전원이 연결된 스피커에 물려서 집 밖으로도 소리가 들리도록 음량을 키우세요.

전선, 종이 철사 혹은 고무줄로 서보모터의 구동축에 나무 막대기를 고정합니다. 나무막대가 건드릴 물건을 보호하기 위해, 나무 막대기의 반대쪽 끝에는 헝겊, 솜뭉치 혹은 고무마개로 감싸놓습니다. 막대의 끝 부분에 플라스틱으로 만들어진 개 주둥이 모양의 가면을 사서 달아도 됩니다. 창의력을 발휘해 원하는 대로 만드세요. 단, 너무 무거운 물체를 부착한다면, 서보모터가 작동하지 않을 수도 있으니 주의해야 합니다.

현관문 근처의 창문 커튼 뒤쪽에 서보모터를 설치해 둡니다. 적외선 센서가 움직임을 감지하면, 스피커로 개 짖는 소리가 재생되고, 서보모터는 커튼을 움직이게 하면서 마치 개 한 마리가 주둥이로 커튼을 건드리는 듯한 모습을 연출해낼 것입니다. 방문객의 시점에서는 마치 문 뒤에 있는 화난 동물이 난리를 치는 모양으로 보일 것입니다. 진짜 같이 보이게 하기 위해서는 세세한 조정이 필요하겠지만, 세부 조정이 끝난 뒤에는 마치 진짜 개처럼 제대로 작동할 것입니다.

4.7 다음 단계

이 프로젝트를 더욱 발전시킬 수 있는 아이디어를 아래에 서술해 보았습니다.

- SD카드에 저장해둔 개 짖는 소리를 삭제하고, 대신에 자동차 경적 소리, 알람 벨 소리, SF영화에 나오는 폭탄이 터지는 소리를 집어넣습니다. 서보모터에 달아놓은 나무막대를 떼어 버리고, 그 자리에 레이저 포인터를 장착합니다. 현관문은 마치 SF 영화에 나오는 보안 문 같은 효과를 낼 겁니다.
- 경비견에서 그치지 않고, 허수아비를 만들어서 사용할 수도 있습니다. 서보모터 대신에 더 강력한 스테핑 모터와 외부 전원을 사용하게끔 개조합니다. 그다음에, 헌 원피스 작업복, PVC 파이프 등을 동원해 허수아비의 몸체를 제작한 후에, 스테핑 모터를 장착해 팔다리를 흔들 수 있게 합니다.
- 핼러윈데이에 써먹을 수도 있습니다. 서보모터 구동부를 유령처럼 보이게끔 흰 천으로 덮거나, 턱 부분이 분리되는 마스크에 서보모터를 달아서 으스스한 목소리를 내며 움직이게 할 수 있습니다.
- 이 책에서 다루는 다른 프로젝트와 연동시켜서, 움직임이 감지되면 집

안 불을 켜거나 이메일을 보내거나 현관문을 열고/잠그는 행동을 하게
할 수도 있습니다.

## 5장

트윗하는 새 모이 그릇

제 아이들은 새를 아주 좋아합니다. 어렸을 적부터 잉꼬를 키워왔으며, 야생의 새들에게 모이 주는 일을 즐겨왔습니다. 이렇게 새를 좋아하기에, 언제나 새 모이 그릇을 집 밖에 내놓습니다. 가끔 모이 그릇이 비었을 때 채우는 것을 잊을 때가 있습니다. 만약 새 모이 그릇이 비었을 때 자동으로 알림을 준다면 일일이 확인하지 않고도 제때에 맞춰서 모이를 채울 수 있지 않을까요?

이러한 생각을 바탕으로 이 프로젝트를 계획하게 되었습니다. 트위터를 통해 알림을 보내면, 새 모이 그릇에 관심이 있는 친구나 가족이 새 모이 그릇의 상황을 손쉽게 파악을 하고 관리를 해줄 수 있겠지요. (그림 9 '새 모이 그릇으로부터 트위터 알림을 받읍시다'를 참고하세요.)

트위터를 통해 새 모이의 잔여량을 파악할 수 있으니 좀 더 흥미로운 기능을 추가해 봅시다. 센서를 부착해 새가 모이를 먹으러 왔을 때의 기록을 남기도록 한다면 이 자료를 바탕으로 새가 모이를 먹으러 오는 주기를 파악할 수가 있습니다.

자동화한 새 모이 그릇을 사용해 새들이 7월에 비해 4월에 더 굶주렸는지, 아침보다 저녁에 모이를 더 많이 먹으러 오는지, 평균적으로 모이를 먹는 시간대가 언제인지, 얼마나 오랫동안 모이 그릇에 앉아서 먹는지, 모이 그릇이 비는 데 걸리는 시간은 평균적으로 얼마나 걸리는지 등을 알아볼 수 있습니다. 마치 현장조사를 나온 연구자처럼 새들의 식사습관과 행동을 조사할 수 있습니다.

5.1 필요한 물품

이 프로젝트는 처음으로 외부에 설치되는 프로젝트이기에, 소요되는 재료비가 다른 프로젝트에 비해서 더 많이 듭니다. 새 모이 그릇과의 통신을 위해서 벽에 구멍을 뚫거나 창문이나 문틈을 활용하는 방식으로 인터넷 케이블을 가설하는 것을 원하지 않는다면, 무선 통신망을 구축해야 합니다. 다행히 XBee를 사용한다면 저전력, 저비용으로 해결할 수 있습니다. 통신망을 구축하는 데 약간의 수고가 들지만, 일단 완성한 뒤에는 신뢰할 만하고 통신법이 간단하며 관리할 필요가 거의 없습니다.

일반적인 크기의 아두이노 우노를 사용할 수도 있지만, 주변에서 흔히 구할 수 있는 새 모이 그릇에 내장하기에는 너무 크기가 큽니다. 그래서 저

그림 9 새 모이 그릇으로부터 트위터 알림을 받읍시다. 새들이 모이 그릇에 앉았을 때와 모이 그릇이 비었을 때에 알림을 보냅니다.

는 약간의 돈을 더 들여서 아두이노 나노^{Nano}를 구매하는 것을 추천합니다.
아두이노 나노는 크기가 작아서 새 모이 그릇에 내장하기가 손쉽습니다.
아두이노 나노의 또 다른 강점은, 핀 배치와 하드웨어가 거의 아두이노 우
노와 같다는 점입니다. 물론 아두이노 우노가 가지고 있던 기능을 그대로
갖고 있습니다.

실내의 전원부에서 전원선을 끌어다가 외부에 있는 하드웨어에 전력을
공급하는 방식이 불가능한 것은 아니지만, 이는 이 프로젝트가 원하는 방
식인 독립적인 시스템을 구성하는 게 아니기 때문에 사용하지 않겠습니
다. 전원 공급은 환경 친화적인 방식을 사용하는 것이 더욱 좋겠지요.

외부 환경 변화에 대해서 전자 기기를 보호해야 하기 때문에, 조립 과정
에서 방수 처리를 꼼꼼하게 해야 합니다. 여기 아래에 작성된 것들이 구매

그림 10 트윗하는 새 모이 그릇 부품

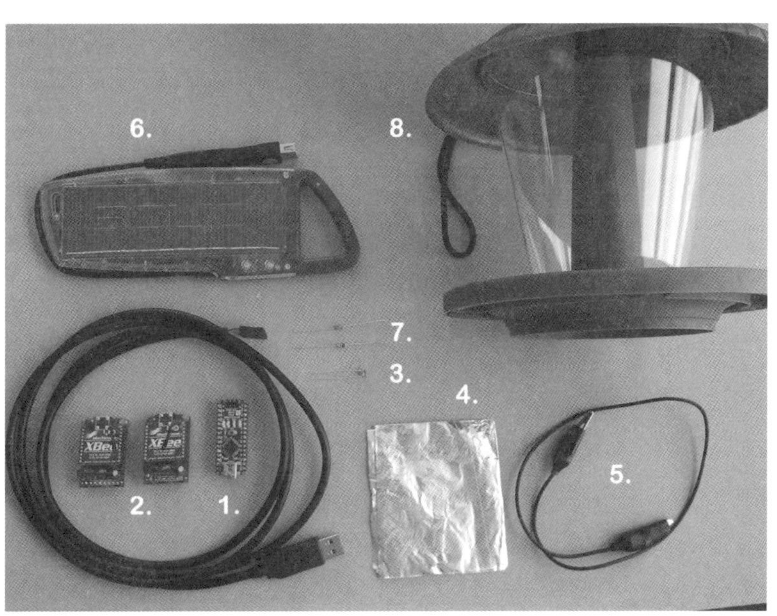

해야 할 품목입니다. (그림 10 '트윗하는 새 모이 그릇 부품'을 참조하세요)

1. 아두이노 우노 혹은 아두이노 나노[1] 1개
2. XBee 2개와 어댑터 키트, FTDI 케이블[2] 1개
3. CdS 센서 1개
4. 알루미늄 호일 한 줄
5. 전선 한 줄
6. 2차 전지를 내장한 작은 태양전지판[3]과 USB 케이블
7. 10k옴 저항 1개, 10M옴 저항 1개. 10k옴 저항은 저항 색 띠가 갈색, 검정, 주황색, 금색이고, 10M 옴은 저항 색 띠가 갈색, 검정, 파란색, 금색입니다. (자세한 사항은 그림 11 '트윗하는 새 모이 그릇 저항들'을 참조하세요.)
8. 아두이노 나노와 XBee를 내장할 수 있을 정도 크기의 새 모이 그릇 1개
9. 파이썬 2.6 이상이 설치된 리눅스나 맥 기반의 컴퓨터 1대 (사진상에는 나와 있지 않음)

아두이노 우노 대신에 아두이노 나노를 사용한다면, 컴퓨터와 아두이노 나노를 연결하기 위한 표준 A-미니 B USB 케이블이 필요합니다(사진에는 나와 있지 않습니다). 아두이노 나노는 아두이노 우노에서 사용하는 암 헤더 핀을 사용하지 않고, 숫 헤더 핀으로 연결하기 때문에 평범한 전선이 아닌, 암 헤더 핀이 달린 점퍼 선을 사용해야 합니다(사진에는 나와 있지 않습니다). 이렇게 하면 아두이노 나노의 핀에 납땜하지 않고도 전선을 수월하게 고정할 수 있습니다.

이 프로젝트는 수위 경보기 프로젝트보다 더 어렵습니다. 특히나 XBee

---

[1] http://www.makershed.com/ProductDetails.asp?ProductCode=MKGR1
[2] http://www.adafruit.com
[3] http://www.solio.com/chargers/

를 구동시키는 작업은 난이도가 꽤 높습니다. 하지만 완성하면 최신 기술이 적용된 새 모이 그릇이 완성됩니다. 그리고 XBee 모듈은 나중에 다른 프로젝트들에서 재활용할 수 있습니다.

5.2 제작 과정 미리보기

1. 알루미늄 호일 센서를 아두이노에 연결하고, 센서가 작동될 때 시리얼 창으로 메시지를 보낼(XBee 모듈에도 신호를 보냅니다) 코드를 작성합니다.
2. CdS 센서를 아두이노에 연결하고, 광량의 변화에 따라 반응하도록 코드를 작성합니다.
3. XBee 모듈 두 개를 페어링하고, 모듈 간에 통신할 수 있도록 설정합니다. 한쪽 모듈은 FTDI 케이블을 통해, 컴퓨터에 연결되어 사용됩니다.

그림 11 트윗하는 새 모이 그릇 저항들

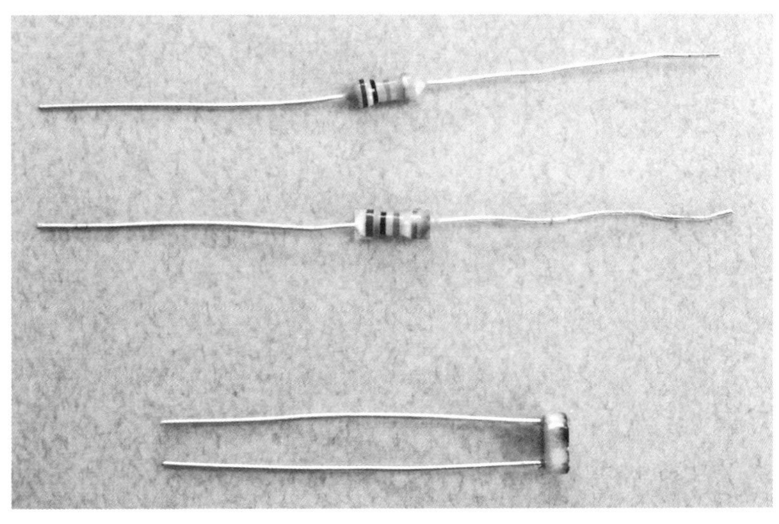

다른 쪽 모듈은 새 모이 그릇 쪽에 장착될 겁니다.

4. 센서가 기록한 데이터를 SQLite 데이터베이스로 송신하고, 메시지를 트윗하게끔 할 파이썬 스크립트를 작성합니다.

하드웨어를 조립한 뒤에 작동을 확인한 후, 아두이노+XBee+횟대 센서 +CdS 센서 뭉치를 방수백에 넣어서 밀봉한 후에, 새 모이 그릇 내에 내장합니다. 그 뒤에 실전 테스트를 거칩니다.

5.3 횟대 센서

새 모이 그릇은 다양한 모양과 크기로 나오기에, 새가 모이 그릇의 횟대에 앉았을 때를 파악하기 위한 센서를 최대한 간단한 방식으로 작동되는 구조로 설계하였습니다. 정교한 압력 스위치를 달아서 사용할 수도 있지만, 제작하는 데 드는 시간과 비용을 생각한다면, 그냥 정전 용량을 측정하는 방식으로 해결하는 쪽이 이상적입니다.

새 모이 그릇의 횟대에 알루미늄 호일을 감싸놓고, 호일에 전선을 부착한 후, 아두이노의 디지털 핀에 저항과 함께 연결합니다. 새가 이 센서 위에 앉으면 값이 변화하는데, 그 변동치를 가지고 새가 새 모이 그릇을 사용하는지를 판단할 수 있습니다.

센서 제작

횟대 센서를 제작하고 테스트하는 것이 이 프로젝트에서 제일 쉬운 부분입니다. 알루미늄 호일을 껌 종이 반 정도의 크기로 잘라서 횟대에 감습니다. 그리고 10M옴 저항을 아두이노의 7번 디지털 핀과 10번 디지털 핀에 다리를 잇듯이 꽂습니다. 호일에 전선을 부착한 뒤에, 아두이노의 7번 핀에 연결된 저항의 다리에 연결합니다. 배선도는 그림 12 '정전 용량 센서 배선하기'를 참고하면 되겠습니다.

센서 프로그래밍하기

아두이노를 컴퓨터에 연결하고, 아두이노 IDE를 실행시켜서 코드를 작성
합니다. 수위 경보기 프로젝트와 같이, 아래와 같은 절차를 거쳐서 코드를
작성합니다.

1. 정전 용량 센서의 값을 아두이노 IDE의 시리얼 모니터 창에 띄운다.
2. 센서의 기선 값을 파악한다.
3. 센서에 손가락을 얹어서 전류 값을 변화시킨다.
4. 변화된 값을 측정해 그 값을 알림 기준 값으로 잡는다.

알루미늄 호일 위에 손가락이나 새가 앉을 경우를 효율적으로 감지하기
위한 프로그램을 직접 제작하기는 어려우니, 아두이노 전문가인 폴 배저
Paul Badger의 도움을 받아서 진행하겠습니다. 폴은 호일 센서와 같은 정전 용
량 센서들을 위한 라이브러리를 작성한 적이 있습니다. 그가 작성한 라이
브러리의 이름은 'Capacitive Sensing' 라이브러리[4]입니다. 이 라이브러리
는 아두이노의 2개 혹은 더 많은 수의 핀을 활용하여서 정전 용량 센서를
인식할 수 있게 해줍니다. 사람의 신체를 인식하면 새보다 크기가 크기 때
문에 센서가 인식하는 정전 용량 값이 크게 나옵니다. 하지만 새가 센서에
인식되더라도 충분히 인식되기에 그 값을 구해서 사용하면 됩니다.

이 라이브러리를 다운로드해 압축을 해제한 후, 아두이노의 libraries 폴
더에 집어넣습니다. 더 자세한 사항은 부록 A「아두이노 라이브러리 설치」
를 참조하세요.

4　http://www.arduino.cc/playground/Main/CapSense

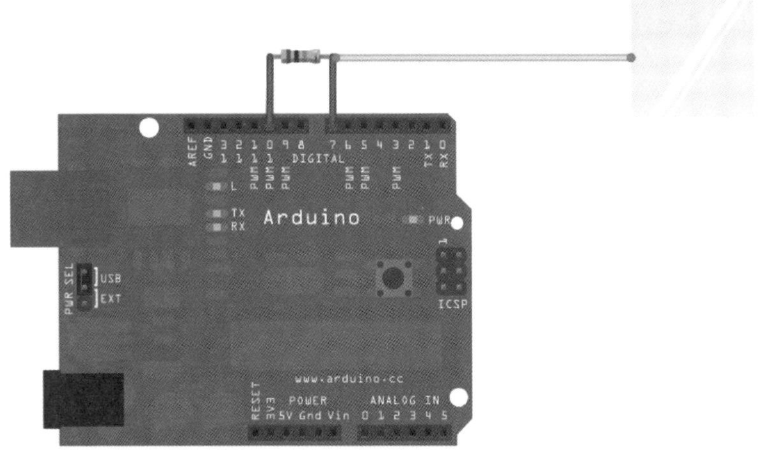

새로운 아두이노 프로젝트를 만들고, # include CapSense.h를 사용하세요.

새가 호일 센서를 건드릴 때와 사람이 건드릴 때의 정전 용량이 다르게 나오기 때문에 새를 사용해 값을 측정해 보는 게 제일 좋습니다. 다행히 제 자녀가 키우는 잉꼬는 새 모이 그릇에서 나오는 모이를 먹기 위해 이 실험에 동참해 주었습니다. 제 실험 결과는 호일 센서의 기선 값이 900에서 1400 사이로, 새가 앉았을 때 1500 이상으로 치솟았습니다. 이 값을 바탕으로 수위 경보기에서 사용하였던 부류의 조건 코드를 사용해 새가 앉았을 때와 떠났을 때의 상태를 알리는 코드를 짤 수 있습니다.

CapSense 라이브러리를 불러오고 호일 센서의 정전 용량 값을 시리얼 모니터 창에 띄울 코드를 작성하겠습니다.

```
#include <CapSense.h>
#define ON_PERCH 1500
#define CAP_SENSE 30
#define ONBOARD_LED 13
CapSense foil_sensor = CapSense(10,7); // 정전 용량 센서
// 디지털 핀 10번과 7번을 저항으로 연결
```

```c
// 전선은 7번 핀 쪽 저항 다리에 연결
int perch_value = 0;
byte perch_state = 0;
void setup()
{
        // 시리얼 윈도 디버깅용 코드
        Serial.begin(9600);
        // 온보드 led용 핀 설정
        pinMode(ONBOARD_LED, OUTPUT);
}
void SendPerchAlert(int perch_value, int perch_state)
{
        digitalWrite(ONBOARD_LED, perch_state ? HIGH : LOW);
        if (perch_state)
                Serial.print("Perch arrival event, perch_value=");
        else
                Serial.print("Perch departure event, perch_value=");
        Serial.println(perch_value);
}
void loop()  {
        // 매번 작업을 수행할 때마다 1초씩 여유를 둡니다.
        delay(1000);
        // 횃대의 값을 가져옵니다.
        perch_value = foil_sensor.capSense(CAP_SENSE);
        switch (perch_state)
        {
        case 0: // 횃대에 새가 없습니다.
                if (perch_value >= ON_PERCH)
                {
                        perch_state = 1;
                        SendPerchAlert(perch_value, perch_state);
                }
                break
        case 1: // 횃대에 새가 있습니다.
                if (perch_value < ON_PERCH)
                {
                        perch_state = 0;
                        SendPerchAlert(perch_value, perch_state);
                }
                break
        }
}
```

여기서 정의한 ON_PERCH 값이 1500인 것은, perch_value 값과 비교
하기 위해서입니다. 센서에 사용된 호일의 종류와 면적에 따라서 ON_
PERCH 값을 수위 경보기 프로젝트에서 세부 조정했듯이, 자신이 제일 적

절하다고 판단되는 값으로 조정하면 됩니다. CAP_SENSE 상수 값을 30으로 부여한 것은 정전 용량 측정 사이클에서 30회만큼 샘플 값을 측정한다는 뜻입니다.

이제 횟대 센서를 완성하였으니, 새 모이 공급기가 모이가 바닥날 때 알림을 보내게 하는 기능을 추가해야 합니다. 이는 CdS 센서를 사용하면 해결됩니다.

5.4 새 모이 센서

CdS 센서는 광량을 측정하는 센서입니다. 빛의 세기가 강해질수록 전류를 더 잘 통하게 하고, 빛의 세기가 약해질수록 전류를 덜 통하게 합니다. CdS 센서에 대한 더 자세한 정보는 레이디에이다의 웹사이트[5]에서 알아볼 수 있습니다. CdS 센서를 새 모이 밑에 깔아두면 나중에 새 모이가 다 떨어졌을 때 센서가 빛에 노출되고, 센서가 작동해서 알림을 보낼 것입니다.

새 모이 그릇에 드릴 구멍을 내고 CdS 센서를 설치하기 전에 센서에 사용한 코드를 짜서 테스트를 거친 뒤에 작업을 진행합니다.

CdS 센서의 한쪽 다리를 아두이노의 5v 핀에 연결하고, 반대쪽 다리를 아두이노의 0번 아날로그 핀에 연결합니다. 그 후, 10k옴 저항으로 아두이노의 아날로그 0번 핀과 접지 핀을 이어줍니다. (그림 13 'CdS 센서 테스트를 위한 배선도'를 참조하세요.) 이 배선도가 왠지 낯이 익다면 그건 착각이 아닙니다. 이 배선 방식은 이전 프로젝트들에서 아두이노 센서들을 연결했던 방식입니다. 앞으로도 이런 방법으로 아두이노에 센서들을 연결합니다.

CdS 센서를 연결한 후에, 아두이노를 USB 시리얼 케이블을 통하여 컴퓨터와 연결하고 아두이노 IDE를 실행시킵니다. 호일 센서에 사용되었던 방

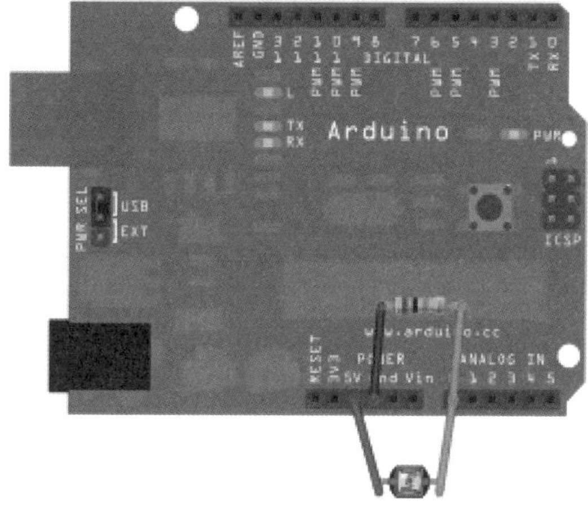

법과 같이 아날로그 0번 핀의 값을 시리얼 모니터 창으로 확인합니다. 센서가 실내의 평균적인 광량을 받았을 때의 기선 값을 기록해두고, 손가락으로 센서를 가린 뒤의 값도 따로 기록해 둡니다.

호일 센서를 테스트했던 경우와 같은 과정과 조건 설정을 통해 CdS 센서의 코드를 짭니다. 사실 호일 테스트에 사용하였던 코드를 복사해서 붙여 넣은 후에 변수 값과 핀 번호만 수정하고 사용해도 무방합니다.

```
#define SEED 500
#define ONBOARD_LED 13
#define PHOTOCELL_SENSOR 0
int seed_value = 0;
byte seed_state = 0;
void setup()
{
    // 시리얼 코드 디버깅용 코드
    Serial.begin(9600);
    // 온보드 led용 핀 설정
    pinMode(ONBOARD_LED, OUTPUT);
}
void SendSeedAlert(int seed_value, int seed_state)
```

```cpp
{
      digitalWrite(ONBOARD_LED, seed_state ? HIGH : LOW);
      if (seed_state)
              Serial.print("Refill seed, seed_value=");
      else
              Serial.print("Seed refilled, seed_value=");
      Serial.println(seed_value);
}
void loop()  {
      // 매번 작업을 수행할 때 마다 1초씩 여유를 둡니다
      delay(1000);
      // CdS 센서의 값을 가져옵니다
      seed_value = analogRead(PHOTOCELL_SENSOR);
      switch (seed_state)
      {
      case 0: // 새 모이 그릇에 모이가 있음
              if (seed_value >= SEED)
              {
                      seed_state = 1;
                      SendSeedAlert(seed_value, seed_state);
              }
              break
      case 1: // 새 모이 그릇이 비어있음
              if (seed_value < SEED)
              {
                      seed_state = 0;
                      SendSeedAlert(seed_value, seed_state);
              }
              break
      }
}
```

CdS 센서를 위한 기선을 측정하고 설정하는 일은 손가락을 가져다 대었다가 떼는 동작만을 요구하기에, 호일 센서를 설정할 때보다 훨씬 간단합니다. 간단하게 손가락으로 센서를 가렸을 때와 손가락을 치웠을 때의 값을 참고하면 되기 때문입니다. 만일 새 모이 그릇에 구멍을 뚫어서 CdS 센서를 설치하고 싶지 않다면, 종이 클립으로 센서를 고정해서 사용할 수도 있습니다.

수위 경보기 프로젝트에서 사용했던 계측 방법과 비슷하게, 아래의 코드를 코드의 메인 프로그램 루프에 있는 seed_value = analogRead(PHOTOCELL_SENSOR); 요청 뒤에 추가합니다.

```
Serial.print("seed_value=");
Serial.println(seed_value);
```

seed_value의 초기 값을 기록을 해 놓고, 새 모이 그릇의 모이 담는 통에 모이를 담아 놓은 후에 새로운 값을 측정해 보세요. 앞서서 측정한 값을 CdS 센서의 기선 값과 한계치 값으로 설정합니다.

만일 아무런 변화가 없다면, 배선을 다시 점검해 보고 다시 시도해 봅니다. 제 경우에는, CdS 센서의 기선 값은 450에서 550 사이였습니다. 손가락이 센서를 가렸을 때 100이 나왔습니다. 각자 직접 테스트를 해서 나오는 최솟값과 최댓값을 사용하도록 합니다. 참고로, 센서를 모이 그릇에 장착한 뒤에 다시 재조정해야 한다는 사실을 잊지 마세요.

횃대와 모이 보관 통을 감지할 센서를 다는 작업을 완료하였으니, 이제 필요한 것은 알림을 송신할 통신 장비입니다. 실내에서 인터넷 케이블을 끌어와서 야외에 설치된 모이 그릇까지 연결하는 일은 그다지 권장할 만한 방법이 아니기도 하고, 아두이노와 아두이노 이더넷 실드의 조합은 덩치가 매우 커서 새 모이 그릇에 내장하기가 어렵습니다. 그러므로, 저전력 무선 통신기기를 사용합니다. 그리고 그 신호를 실내에 있는 고속 처리장치와 큰 저장 공간을 가진 컴퓨터가 받아서 정보를 분석하고 상황에 맞는 행동을 취합니다.

5.5 무선장비 설치

아두이노를 위한 무선 통신 모듈로써 802.11b/g Wi-Fi를 지원하는 아두이노 실드가 있지만, 제일 통상적으로 쓰이는 모듈은 XBee 모듈입니다. 비록 XBee 모듈 세트는 가격이 약간 비싸지만 이는 XBee 모듈만을 사용하는 게 아니라 FTDI USB케이블과 XBee 모듈을 사용해 컴퓨터와 연결해야 하기 때문입니다.

다른 한쪽의 XBee 모듈은 아두이노와 연결하여 사용됩니다. XBee와 아두이노 보드의 연결을 더 간단하게 하기 위한 별도의 키트도 존재합니다. 이런 부류의 키트들은 아두이노와 보드의 연결 핀을 체결하기 손쉽게 해 주고, 데이터 전송 상태를 LED로 표기해 줍니다. 이러한 시각적인 표시 장치는 XBee 통신과 관련된 디버깅 작업을 할 때 큰 도움이 됩니다. XBee는 낮은 전력으로 구동되며, 무선 범위(약 45m까지)가 넓습니다. 손쉬운 연결성과 데이터 통신 규격 때문에 XBee는 이 프로젝트에서 사용하기에 이상적인 장비로 판단됩니다.

XBee 모듈을 더 편리하게 사용하기 위하여, 에이다프루트에서는 XBee 어댑터 키트를 판매하고 있습니다. 비록, 이 키트는 약간의 납땜을 요구하지만 매우 뛰어난 성능을 자랑합니다. 키트의 조립법은 Layada의 웹사이트[6]에 작성되어 있습니다.

조립한 뒤에 XBee를 설정하고 페어링하는 작업은 그리 까다롭지 않습니다. 다만, 작업에 사용되는 유용한 유틸리티가 윈도에서만 작동됩니다.

Ladyda의 웹 페이지[7]에 작성돼 있는 방식대로 진행합니다. 우선 XBee의 전원, 접지 Gnd, 수신 RX, 발신 TX 핀과 아두이노의 5v, 접지, 디지털 2, 디지털 3번 핀을 각각 연결합니다. 그리고 아두이노를 컴퓨터에 연결합니다. 아두이노에 테스트 프로그램을 업로드한 뒤에, 아두이노 시리얼 창을 열고 baud 값이 9600으로 설정되어 있는지 확인합니다. 연결된 아두이노를 놔두고, 다른 XBee 모듈을 FTDI USB 케이블로 컴퓨터에 연결합니다. 시리얼 터미널 세션을 엽니다. (윈도의 경우에는 하이퍼터미널, 맥의 경우에는 스크린, 리눅스의 경우에는 미니컴[8] 등을 켭니다.)

시리얼 연결을 완료했다면 시리얼 애플리케이션의 입력 화면에 글자를 몇 개 써넣어 보세요. 제대로 XBee 모듈들이 설정되었다면, 아두이노의 시리얼 창에 해당하는 글자들이 나타날 것입니다.

---

6   http://www.ladyada.net/make/xbee/
7   http://ladyada.net/make/xbee/point2point.html
8   http://alioth.debian.org/projects/minicom/

제 경우에는 FTD USB – XBee 어댑터의 연결 기기명이 /dev/tty.usbserial-A6003SHc이었습니다. 컴퓨터에 연결해둔 다른 기기가 있다면 다른 기기명이 나올 수도 있습니다. 터미널 애플리케이션을 실행시키고, screen/dev/tty.YOURDEVICE 9600를 입력합니다. 이 명령어는 시리얼 포트를 개방시켜서 9600 baud로 통신을 가능하게 해줍니다. 유틸리티를 종료시키려면 Control-A 키를 누른 후, Control-\ 키를 누릅니다.

XBee를 아두이노에 연결했고, FTDI 케이블을 사용하여서 컴퓨터와 XBee를 연결했다면 XBee 어댑터에서 초록색(송신) 적색(수신) 상태를 나타내는 LED가 깜박거리는 모습을 볼 수 있습니다. 이는 XBee 사이에서 통신이 이루어지고 있다는 뜻입니다.

만일 수신 윈도에서 송신했던 글자가 표기되지 않는다면, XBee 모듈과 아두이노 포트 사이의 배선 상태를 확인해 보길 바랍니다. XBee 모듈 자체가 제대로 작동하는지 확인하기 위해서 두 개의 모듈을 차례로 FTDI USB 케이블에 물려서 확인해 볼 수도 있습니다. 시리얼 애플리케이션의 터미널 창에 'AT'를 입력한 뒤에 'OK'가 뜬다면 XBee 모듈이 정상 작동하고 있다는 뜻입니다.

만일, 앞서서 언급한 방법을 시도해 보아도 여전히 XBee 모듈이 정상 작동하지 않는다면, 구입처에 문의하기 바랍니다.

XBee 모듈을 성공적으로 페어링하였으니, 분리해 두었던 CdS 센서와 호일 센서를 아두이노에 재장착하고 코드를 짜겠습니다. 완성된 배선도는

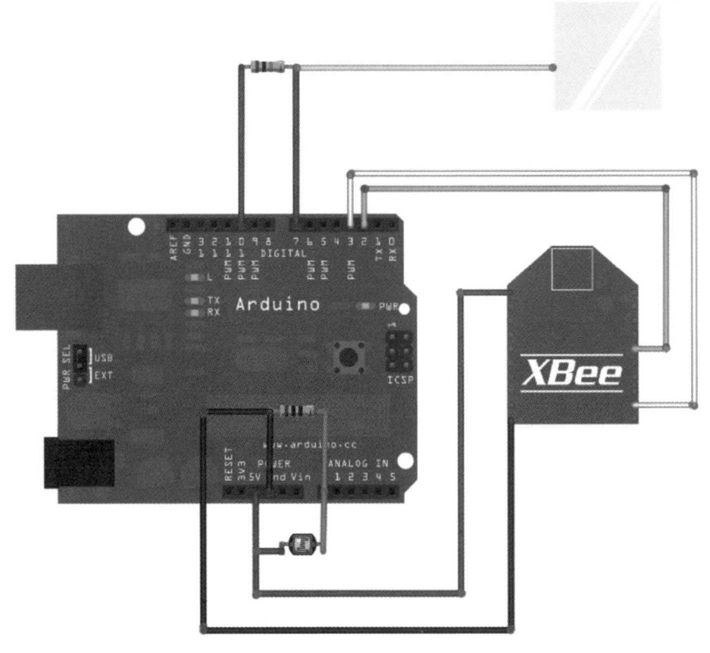

그림 14 '트윗하는 새 모이 그릇에 사용될 아두이노 보드에 센서들과 XBee 모듈을 장착한 모습'을 참조하기 바랍니다.

이 프로젝트를 진행할 때는 저항과 전선을 납땜하기를 권장합니다. 테스트용으로 브레드보드를 사용했다면, 브레드보드의 크기 때문에 모이 그릇 내에 내장하는 게 불가능하다는 사실을 명심해 두길 바랍니다. 테스트를 해서 잘 작동된다는 것을 확인한 후에는 배선을 납땜해서 영구적으로 고정하길 바랍니다. 그리고 아두이노 보드를 어떻게 내장할지에 따라 다르겠지만, XBee 어댑터 보드를 결합할 때 기본적으로 제공되는 꺾인 모양

---

9   (옮긴이) 그림에는 XBee가 아두이노에 바로 연결된 것처럼 묘사되어 있지만, 실제로는 어댑터 보드
     가 중간에 장착되어 있기 때문에 XBee에 5V를 입력할 수 있습니다.

의 헤더 핀을 사용할 경우, 모이 그릇에 내장하기가 어려워지는 경우가 생
깁니다. 그 경우 직선 헤더 핀으로 교체해서 사용하면 됩니다. 모든 하드웨
어를 안전하고 확실하게 새 모이 그릇 내에 내장시키는 것이 목표이기에
신경을 써서 작업해야 합니다. 다시 한 번 강조하지만, 아두이노 나노는 아
두이노 우노와는 달리 암 헤더 핀을 사용하지 않고, 수 헤더 핀을 사용하기
때문에, 사용되는 점퍼 선들은 암 커넥터를 달고 있어야 합니다.

코드 완성하기

호일 센서와 CdS 센서 둘 다의 값을 가져올 것입니다. 그렇게 해서 얻은 데
이터를 먼저 아두이노 IDE의 시리얼 창으로, 그리고 약간의 수정을 한 다
음에는 XBee로 보냅니다. 결국에는, 호일 센서에서 받은 신호와 CdS 센서
에서 얻은 신호를 합쳐서 XBee로 알림을 보내는 것입니다. 이 로직을 이미
앞서서 작성한 코드에 덧붙이면 이 프로젝트를 위한 코드는 완료됩니다.

```
#include <CapSense.h>
#include <NewSoftSerial.h>
#define ON_PERCH 1500
#define SEED 500
#define CAP_SENSE 30
#define ONBOARD_LED 13
#define PHOTOCELL_SENSOR 0
// XBee 시리얼 송신/수신 핀 설정
NewSoftSerial XBeeSerial = NewSoftSerial(2, 3);
CapSense foil_sensor = CapSense(10,7); // 정전 용량 센서
// 디지털 핀 10번과 7번을 저항으로 연결
// 전선은 7번 핀 쪽 저항 다리에 연결
int perch_value = 0;
byte perch_state = 0;
int seed_value = 0;
byte seed_state = 0;
void setup()
{
    // 시리얼 창 디버깅용 코드
    Serial.begin(9600);
    // XBee 송신을 위한 코드
    XBeeSerial.begin(9600);
    // 온보드 led용 핀 설정
    pinMode(ONBOARD_LED, OUTPUT);
```

```cpp
}
void SendPerchAlert(int perch_value, int perch_state)
{
      digitalWrite(ONBOARD_LED, perch_state ? HIGH : LOW);
      if (perch_state)
      {
            XBeeSerial.println("arrived");
            Serial.print("Perch arrival event, perch_value=");
      }
      else
      {
            XBeeSerial.println("departed");
            Serial.print("Perch departure event, perch_value=");
      }
      Serial.println(perch_value);
}
void SendSeedAlert(int seed_value, int seed_state)
{
      digitalWrite(ONBOARD_LED, seed_state ? HIGH : LOW);
      if (seed_state)
      {
            XBeeSerial.println("refill");
            Serial.print("Refill seed, seed_value=");
      }
      else
      {
            XBeeSerial.println("seedOK");
            Serial.print("Seed refilled, seed_value=");
      }
      Serial.println(seed_value);
}
void loop()  {
      // 매번 작업을 수행할 때마다 1초씩 여유를 둡니다
      delay(1000);
      // 횃대의 값을 가져옵니다
      perch_value = foil_sensor.capSense(CAP_SENSE);
      // CdS 센서의 값을 가져옵니다
      seed_value = analogRead(PHOTOCELL_SENSOR);
      switch (perch_state)
      {
      case 0: // 횃대에 새가 없습니다
            if (perch_value >= ON_PERCH)
            {
                  perch_state = 1;
                  SendPerchAlert(perch_value, perch_state);
            }
            break
      case 1: // 횃대에 새가 있습니다
```

```
                if (perch_value < ON_PERCH)
                {
                        perch_state = 0;
                        SendPerchAlert(perch_value, perch_state);
                }
                break
        }
        switch (seed_state)
        {
        case 0: // 새 모이 그릇에 모이가 있음
                if (seed_value >= SEED)
                {
                        seed_state = 1;
                        SendSeedAlert(seed_value, seed_state);
                }
                break
        case 1: // 새 모이 그릇이 비어있음
                if (seed_value < SEED)
                {
                        seed_state = 0;
                        SendSeedAlert(seed_value, seed_state);
                }
                break
        }
}
```

정전 용량 감지와 새로운 시리얼 소프트웨어 라이브러리들의 레퍼런스가 코드 초반에 있다는 점에 주목하기 바랍니다. 여기서 한계치 변수와 함께 앞에서 언급한 라이브러리 레퍼런스를 이용할 변수를 초기화시켰습니다. 그리고 시리얼 창과 아두이노의 온 보드 LED 13번 핀과 함께 XBee 모듈을 연결했습니다. 초기화를 완료한 이후, 프로그램은 단순히 루프를 반복하며 감지 센서나 시드 값이 특정 값을 넘어서거나 초기화되길 기다립니다. 변화가 감지되면, 실행 중인 코드는 작업 시작을 알리는 메시지를 아두이노 IDE 시리얼 창과 XBee 모듈로 보냅니다.

호일 센서와 CdS 센서가 감지된 값들을 아두이노 IDE의 시리얼 창으로 보내고, 아두이노 IDE는 그 신호를 아두이노에 연결된 XBee 모듈로 보냅니다. FTDI 케이블로 연결된 XBee의 시리얼 애플리케이션 창를 열어서 본다면, 아두이노 IDE 시리얼 윈도에서 보이는 데이터와 똑같은 데이터를 볼 수 있을 것입니다. 이렇게 보면, 무선 통신이라는 것은 멋지지 않나요?

이 시점에서 조립된 하드웨어들은 그림 15 '애완용 새의 도움을 받아서 횟대 착륙과 이륙을 감지할 한계 값 테스트와 디버깅 작업을 진행'의 모습과 큰 차이를 보이지 않을 것입니다.

하드웨어를 새 모이 그릇에 내장하기 전에, 중요한 요소를 제작해야 합니다. 파이썬을 사용해 새가 모이 그릇에 먹이를 먹으러 앉을 때와 모이가 비었을 때의 알림을 트위터를 통해서 트윗할 수 있는 프로그램을 작성합니다.

5.6 파이썬으로 트윗하기

다양한 프로그래밍 언어들을 사용해 시리얼 콘솔 메시지들을 모니터링하고 해석한 후에 시리얼 포트 밖으로 메시지를 송신하는 프로그램을 작성할 수 있습니다. 다양한 종류의 프로그래밍 언어들을 위한 트위터 라이브러리들도 존재합니다.

이 프로젝트 말고도 이 책에서 다루는 몇몇 스크립트들은 파이썬으로 작성되어 있습니다. 많은 종류의 프로그래밍 언어 중에서 굳이 파이썬을 선택한 이유는, 파이썬이 이해하기 쉬운 문법 구조를 가졌고 리눅스와 맥 OS X에 기본적으로 탑재되어 있기도 하며 마치 세트 상품처럼 여러 가지 관련성 있는 라이브러리들을(SQLite 등) 묶어서 사용하기 때문입니다. 파이썬을 사용한 프로그래밍을 더 자세히 알아보고 싶다면 『Learning Python』을 읽어보기 바랍니다.

이 프로젝트를 위해서 파이썬 스크립트를 작성할 때 아래와 같은 기능들을 포함해서 작성해야 합니다.

1. tweetingbirdfeeder 데이터베이스에 있는 birdfeeding 표에, 횟대에 새가 앉았다가 날아갔던 시간과 날짜를 기록합니다.

2. tweetingbirdfeeder 데이터베이스에 있는 seedstatus 표에 새 모이가 바닥났을 때의 시간과 날짜를 기록합니다.

3. 새 모이 그릇으로부터 메시지를 수신하고, 수신된 메시지에 대한 시간과 날짜, 내용을 저장합니다.

4. OAuth 인증을 통해서 트위터와 연결을 하고, 횃대의 상태와 새 모이의 양에 관련된 트윗을 작성하도록 합니다.

이 프로젝트를 위해서 추가로 설치해야 하는 파이썬 라이브러리는 pyserial과 python-twitter 두 가지뿐입니다.

트위터 계정으로 단순히 트윗하는 것으로 끝내지 않고, 상태의 경향을 체계적인 기록으로 남겨 두는 게 더 좋겠습니다. 예를 들면, 새가 얼마나 많이 오는지에 대한 시간/날짜 기록과 새 모이가 얼마나 자주 바닥이 나는지에 대한 기록 등을 남기는 식입니다. 이러한 정보를 모아서 시간별, 날짜별, 월별, 연도별로 한눈에 볼 수 있습니다. 이를 수행하기 위해서는 수집된 데이터를 정형화된 틀에 맞게 저장해야 합니다.

데이터베이스 설정

파이썬 2.5와 그 이후 버전에서는 기본적으로 SQLite 데이터베이스를 지원하고, 이 프로젝트에서 사용되는 데이터가 고도의 독립된 데이터베이스 서버를 필요로 하는 것이 아니므로 SQLite는 작업을 위한 이상적인 선택입니다. 이 값들을 콤마(,)로 값을 구분하는 일반적인 텍스트 기반의 파일(CSV)로 저장할 수도 있겠지만, SQLite로 값을 저장하는 것은 두 가지 이점을 제공합니다. 첫 번째로, 앞으로 사용할 데이터 분석 쿼리를 쉽게 이용할 수 있게 해주고, 두 번째로 테이블에 새 열을 추가함으로써 다른 형식의 데이터를 쉽게 관리할 수 있는 유연성을 가지게 해준다는 것입니다.

sqlite3 형식으로 데이터베이스를 구축하기 위해, sqlite3 명령 프롬포트를 사용하도록 합니다. 이 툴은 Mac OS X에 기본으로 설치되어 있으며, 리눅스에서는 보관함^{repository}에서 받아올 수 있습니다. 우분투와 같은 Debian 기반의 리눅스에는 sudo apt-get install sqlite3 libsqlite3-dev 라는 명령어로 프로그램을 설치할 수 있습니다. 윈도 사용자는 SQLite 웹사이트에서 sqlite3.exe 유틸리티를 다운로드해서 설치할 수 있습니다.[10]

설치한 후에 터미널 창에 sqlite3를 입력합니다. 아래와 같은 메시지가 보입니다.

```
SQLite version 3.7.6
Enter ".help" for instructions
Enter SQL statements terminated with a ";"
```

---

[10] http://www.sqlite.org/download.html

```
sqlite>
```

설치된 SQLite의 버전에 따라서 버전명이 다르게 나올 수 있습니다.

이제, SQL 명령어를 입력하여서 새로운 데이터베이스를 생성합니다. sqlite 명령어 창에 .q를 입력합니다. 그 후, 읽어 들일 데이터베이스 이름을 뒤에 붙여 sqlite3 툴을 재시작합니다.

이 프로젝트를 위해서 tweetingbirdfeeder 데이터베이스를 tweetingbirdfeeder.sqlite으로 명명하고 호출합니다. 이 데이터베이스 파일이 아직 존재하지 않기 때문에 SQLite는 자동으로 파일을 생성해 냅니다. 이 파일은 sqlite3 툴을 시행시킨 폴더에 생성됩니다. 예를 들어 sqlite3 툴을 홈 디렉터리에서 시행시켰다면 데이터베이스 파일도 같은 곳에 생성됩니다.

birdfeeding을 호출할 tweetingbirdfeeder.sqlite 데이터베이스에 아래와 같은 표를 작성할 것입니다.

Column Name	Data Type	Primary Key?	Autoinc?	Allow Null?	Unique?
id	INTEGER	YES	YES	NO	YES
time	DATETIME	NO	NO	NO	NO
event	TEXT	NO	NO	NO	NO

이 표는 아래와 같은 SQL 명령어를 sqlite 명령 툴에 입력해 생성할 수 있습니다.

```
[~]$ sqlite3 tweetingbirdfeeder.sqlite
SQLite version 3.7.6
Enter ".help" for instructions
Enter SQL statements terminated with a ";"
sqlite> CREATE TABLE "birdfeeding" ("id" INTEGER PRIMARY KEY
NOT NULL UNIQUE,
"time" DATETIME NOT NULL,"event" TEXT NOT NULL);
```

birdfeeding 표를 작성하였으니, seedstatus 표도 작성해야 합니다.

Column Name	Data Type	Primary Key?	Autoinc?	Allow Null?	Unique?
id	INTEGER	YES	YES	NO	NO
time	DATETIME	NO	NO	NO	NO
event	TEXT	NO	NO	NO	NO

birdfeeding 표와 같은 방식으로 아래와 같은 SQL 명령어를 sqlite 명령 툴에 입력하여 seedstatus 표를 생성할 수 있습니다.

```
[~]$ sqlite3 tweetingbirdfeeder.sqlite
SQLite version 3.7.6
Enter ".help" for instructions
Enter SQL statements terminated with a ";"
sqlite> CREATE TABLE "seedstatus" ("id" INTEGER PRIMARY KEY
NOT NULL,
"time" DATETIME NOT NULL ,"event" TEXT NOT NULL );
```

데이터베이스를 정의하였으니, 데이터베이스, 시리얼, 트위터 라이브러리를 가져갈 코드를 작성하고, 생성된 데이터를 데이터베이스 표에 기록할 코드를 짤 차례입니다.

> ## SQLite 관리자
>
> SQLite 명령 툴이 SQLite 데이터베이스를 생성하고 관리하는 데에 필요한 기능을 모두 제공하지만, 그래픽 인터페이스가 작업하기에는 더 편합니다. 더군다나 길이가 긴 데이터들을 다룰 때 GUI가 더욱 절실해집니다. 다행히 GUI 기반의 SQLite 데이터베이스 관리 애플리케이션은 여러 종류가 존재합니다. 만일 파이어폭스 웹 브라우저를 사용하고 있다면, 파이어폭스 웹 브라우저의 플러그인 중 하나인 'SQLite Manager' 플러그인을 사용하는 것을 추천합니다(https://addons.mozilla.org/en-US/firefox/addon/sqlite-manager/).
> 플러그인을 설치하는 방법은 간단합니다. 파이어폭스의 부가 기능 메뉴에서 'SQLite Manager'를 검색해서 설치를 하면 됩니다. SQLite Manager를 파이어폭스의 부가 기능 메뉴에서 실행을 시킨 후 사용하면 됩니다. 툴바에 있는 아이콘 하나를 클릭하는 것만으로도 새로운 데이터베이스를 생성해 낼 수 있습니다. 기존의 SQLite 데이터베이스 파일을 열거나 저장하는 일도 간단합니다.

프로그래밍의 마지막 단계는 트위터를 통해서 트윗을 작성하는 것입니다. 다만, 프로그램적으로 트윗을 작성하기 이전에 트위터 계정을 생성한 후 트위터 API 키와 OAuth 인증을 받아야 합니다.

트위터 API 인증

트윗을 작성하기 위해서는 트위터 계정이 있어야 합니다. 그리고 프로그래밍 언어를 사용하거나 OAuth[11] 지원이 되는 라이브러리를 통해서 트윗을 작성하기 위해서는 해당 트위터 계정을 위한 애플리케이션 인증을 받아야 합니다. 이미 사용하고 있는 트위터 계정을 사용하여도 되지만, 이 프로젝트만을 위한 계정을 생성하는 것을 추천합니다. 기존의 팔로워들이 프로젝트에 의해서 작성되는 트윗들을 불쾌하게 생각할 수도 있기 때문입니다. 또한, 선택적으로 해당 계정의 트윗을 남들과 공유할 수 있습니다.

새로운 트위터 계정의 애플리케이션 인증을 받으려면, dev.twitter.com에 가서 'Create an application' 항목을 선택합니다. 새로운 애플리케이션 등록 페이지에서 애플리케이션의 이름을 작성하고 애플리케이션에 대한 설명, 애플리케이션을 위한 웹사이트에 대한 정보를 기재합니다. 만일 영구적으로 개설한 웹사이트가 없다면 임의의 웹사이트를 입력해도 문제없습니다. 개발자 원칙에 대해서 읽어 보고 동의 항목을 선택한 후 자동 가입 방지 문자를 입력한 후에 등록 버튼을 누르면, 애플리케이션 등록이 완료됩니다.

애플리케이션 승인이 완료된 뒤에는, API 키와 OAuth Consumer 키, 그리고 Consumer secret 가 생성됩니다. Details 항목에서 살펴본다면, Acess Token(OAuth_token)과 Acess token secret(OAuth_token_secret) 항목이 보일 것입니다. 이 두 항목을 복사해서 파일로 저장해 둡니다. 이 코드들은

---

11 http://oauth.net/

프로그램으로 트위터 계정과 연동할 때 사용될 것입니다. 이 코드들은 트위터 계정에 접근할 수 있는 권한을 가지고 있기 때문에 유출되지 않도록 주의해야 합니다.

트위터 계정과 인증된 API 키를 가지고 있으니, 이제 파이썬으로 새 모이 그릇 프로젝트를 위한 코드를 짤 수 있습니다.

파이썬 트위터 라이브러리

API 키를 얻었더라도, 트위터와 파이썬을 연결하기 위해서는 파이썬 트위터 라이브러리가 필요합니다.[12] 파이썬 라이브러리와 Pyserial을 동시에 설치하기 위해서는, 제일 최신 버전의 파일을 다운로드하고, sudo python setup.py install 명령어를 실행시킵니다. 맥 OS X 10.6 (Snow Leopard) 이상의 운영체제에서 설치를 진행하는 것이라면 easy_install 툴이 있겠지만, 64비트 라이브러리에 있는 오류들 때문에 i386 아키텍처 플래그를 사용하여서 설치를 진행해야 합니다. 이를 위한 명령어는 sudo env ARCHFLAGS="-arch i386" easy_install python-twitter입니다.

트위터 계정도 개설하였고, 기반 프로그램들도 설치를 완료했으니, XBee 모듈이 보내는 메시지를 데이터베이스에 저장하고, 이를 트위터로 출력할 파이썬 스크립트만 작성하면 이 프로젝트는 완성됩니다.

```python
# DateTime, Serial port, SQLite3과 Twitter python 라이브러리를 불
러옵니다
from datetime import datetime
import serial
import sqlite3
import twitter
# 터미널 창을 비우기 위한 OS 모듈을 불러옵니다
# windows는 "cls" 명령어를, 리눅스나 OSX는 "clear" 명령어를 사용합니다
import os
if sys.platform == "win32":
```

---

12 http://code.google.com/p/python-twitter/

```python
        os.system("cls")
else:
        os.system("clear")
# 시리얼 포트에 연결합니다.
# "YOUR_SERIAL_DEVICE"를 XBee 어댑터의 시리얼 포트 이름으로 바꾸세요
XBeePort = serial.Serial('/dev/tty.YOUR_SERIAL_DEVICE', \
baudrate = 9600, timeout = 1)
# SQLite database 파일에 연결합니다
sqlconnection = sqlite3.connect("tweetingbirdfeeder.sqlite3")
# 데이터베이스 커서를 만듭니다
sqlcursor = sqlconnection.cursor()
# 트위터 API 객체변수를 초기화합니다
# 아래의 변수는 Twitter Dev 페이지를 참조하여 채워주세요
api = twitter.Api('Your_OAuth_Consumer_Key', 'Your_OAuth_
Consumer_Secret', \
'Your_OAuth_Access_Token', 'Your_OAuth_Access_Token_Secret')
def transmit(msg):
        # 현재 날짜와 시간을 얻어 정해진 형식대로 변환합니다
        timestamp = datetime.now().strftime("%Y-%m-%d %H:%M:%S")
        # 메시지에 따른 응답 문자열을 정합니다
        if msg == "arrived":
                tweet = "A bird has landed on the perch!"
                table = "birdfeeding"
        if msg == "departed":
                tweet = "A bird has left the perch!"
                table = "birdfeeding"
        if msg == "refill":
                tweet = "The feeder is empty."
                table = "seedstatus"
        if msg == "seedOK":
                tweet = "The feeder has been refilled with seed."
                table = "seedstatus"
        print "%s - %s" % (timestamp.strftime("%Y-%m-%d%H:%M:%S"), tweet)
        # SQLite database 파일에 이벤트를 저장합니다
        try:
                sqlstatement = "INSERT INTO %s (id, time, event) \
                VALUES(NULL, \"%s\", \"%s\")" % (table,timestamp, msg)
                sqlcursor.execute(sqlstatement)
                sqlconnection.commit()
        except:
                print "이벤트를 데이터베이스에 저장할 수 없습니다."
                pass
        # 메시지를 Twitter로 전송합니다
        try:
                status = api.PostUpdate(msg)
        except:
                print "트위터에 포스팅할 수 없습니다."
                pass
```

```python
# 프로그램의 메인 루프입니다
try:
        while 1:
                # XBee 장치로부터 입력되는 문자열을 받아옵니다
                message = XBeePort.readline()
                # 받아오는 문자열의 종류에 따라, 기록하고 트윗하는
                작업을 수행합니다.
                if "arrived" in message:
                        transmit("arrived")
                if "departed" in message:
                        transmit("departed")
                if "refill" in message:
                        transmit("refill")
                if "seedOK" in message:
                        transmit("seedOK")
except KeyboardInterrupt:
        # Ctrl+C 인터럽트 이벤트가 발생했을 때, 프로그램을 종료하
        도록 합니다
        print("\nTweeting Bird Feeder Listener Program을
        종료합니다.\n")
        sqlcursor.close()
        pass
```

datetime, serial, sqlite, 트위터 라이브러리가 로드된 이후에는 터미널 창을 비웁니다(윈도에선 cls 명령어를, 다른 운영체제에선 clear 명령어를 사용합니다). 그리고 XBee 장치의 시리얼 수신 포트에 연결하고 (XBee는 FTDI 케이블을 통해 컴퓨터에 장착되어 있습니다), 앞에서 만든 tweetingbirdfeeder.sqlite3 데이터베이스에 연결합니다. 그리고 Ctrl+C를 눌러 프로그램을 종료하기 전까지 무한 while 루프를 반복하게 됩니다. 만일 장착된 XBee 장치가 인지할 수 있는 메시지를 받는다면, msg 변수를 처리할 transmit(msg) 함수를 호출하여 발생한 이벤트에 설명을 붙이고, 메시지를 데이터베이스에 저장한 후에 트위터로 전송합니다.

아두이노의 전원을 켜고, XBee 모듈의 연결 상태를 확인한 뒤에, 횃대 센서를 손으로 만져보면서 작동 상태를 확인합니다. CdS 센서도 손으로 가리는 행동을 통해서 센서의 정상 작동 여부를 확인합니다. 스크립트의 터미널 창에 에러가 뜨지 않았다면, SQLite 매니저에서 tweetingbirdfeeder.sqlite3 파일을 열어서 앞서 확인한 두 센서가 감지한

내용이 제대로 기록이 되었는지 확인합니다. 모든 것이 확인되었다면 연동시킨 트위터 계정으로 로그인해서 트윗이 제대로 작성되었는지 확인합니다.

이제 마지막 몇 가지 조립 단계만 거치면 완성됩니다.

5.7 완성시키기

이 프로젝트를 제대로 작동시키기 위해서는, 아두이노+XBee 모듈로 이루어진 하드웨어를 방수 처리한 후에 새 모이 그릇 내에 내장시켜야 합니다. 또한, CdS 센서를 모이 그릇 내에 장착한 후에 새 모이를 채워두고, 하드웨어를 위한 전원 공급원을 연결해 줘야 합니다. 이 모든 과정을 마친 후에 새 모이 그릇을 XBee 모듈의 전파가 닿는 범위의 야외에 설치해야 합니다.

강수량이 적은 지역에 거주하는 게 아니라면 전자 기기의 방수 처리는 필수적입니다. 작은 비닐 지퍼 백을 두 겹 씌워서 사용해야 효과가 좋습니다. 단, 지퍼 백을 활용하는 방법은 9v 배터리를 전원 공급원으로 사용해야 합니다. (9v 배터리를 사용하는 방식은 오랫동안 작동하기가 어렵기 때문에 짧은 기간의 자료 수집만 가능합니다.) 그러므로 연장 전원선을 사용할 방법을 고려해야 합니다.

비닐 지퍼 백에 작은 구멍을 내서 전선을 통과하게 하는 방식은 효과가 있지만, 구멍을 내는 것은 수분이 침투할 가능성을 높입니다. 이 위험 요소를 줄이기 위해서는, 케이블이 나가는 구멍을 비닐 랩으로 꽁꽁 묶어버리면 됩니다. 전선과 비닐봉투를 함께 감싸 버려서 수분의 침투를 막습니다.

방수 처리가 된 전원선(상점에서 야외 전구 장식을 위한 용도로 판매되는)을 사용해 전원을 공급하면 비용도 저렴하게 들고 단기간 동안 테스트 용도로 사용하기에 편리합니다. 다만, 자연환경에 영향을 미치는 것에 대해서 탐탁지 않게 생각하는 사람들은 약간의 돈을 조금 더 들여서 보다 나은 대안을 사용할 수 있습니다. 태양 전지판을 사용하는 것은 자연 친화적인 대안 중 하나입니다.

이 프로젝트에 사용될 태양전지는 5v 공급에 방수 처리가 되어있어야 하며 배터리가 내장되어 있어서 태양 빛이 없더라도 작동할 수 있어야 합니다. 솔리오볼트^{Solio Bolt}[13] 같은 제품들이 짧은 기간 동안 사용하기에 적당합니다.

더 긴 작동 시간을 보증해 주는 대용량의 배터리를 내장한 제품을 사용하고 싶다면 그만큼 비용이 더 듭니다. 선포스^{Sunforce}[14]는 더 큰 용량의 여러 가지 태양전지 제품들을 생산합니다.

햇볕을 잘 받기 위해 태양전지는 새 모이 그릇에서 어느 정도 떨어뜨려서 설치해 둬야 합니다. 태양 빛을 최대한으로 받기 위해서 설치 각도는 태양에서부터 90도로 합니다. 설치하는 위치의 일조량이 부족한 경우에는 소형 풍력 발전기를 설치해야 할 수도 있습니다.

이 프로젝트를 통해서 CdS 센서와 직접 제작한 센서를 활용하는 법과 XBee 모듈을 다루는 법에 대해서 더 많이 알게 되었습니다. 데이터를 기록하고 특정 상황에 반응하며 트위터를 통해서 트윗을 작성하게 하는 스크립트도 작성했습니다. 개별적으로 아두이노+XBee 모듈을 운용하는 방식과 야외에 설치할 전자기기를 방수 처리하는 방식도 다루었습니다.

이러한 값진 경험은 다른 프로젝트들을 진행하면서도 다시 사용되게 될 것입니다.

5.8 다음 단계

정전 용량 센서와 CdS 센서를 사용하는 가정 자동화 프로젝트들은 제작하는 데는 큰 비용이 드는 편입니다. 아래에 좀 더 이 프로젝트를 개량할 수

---

[13] http://www.solio.com/chargers/
[14] http://www.sunforceproducts.com/results.php?CAT_ID=1

있는 아이디어들을 서술하였습니다.

- 아두이노에 XBee 모듈과 CdS 센서, 충전지를 장착하여 냉장고 안에 놔
  둡니다. 냉장고 문이 얼마나 자주, 얼마나 오랫동안 열려있는지 기록하
  고, 이 데이터를 가지고 매달 얼마나 많은 전력이 냉장고 문을 여는 행
  위 때문에 낭비가 되는지 계산을 할 수 있습니다. 또한, 너무 자주 냉장
  고 문을 여닫거나 열어놓은 상태로 내버려둔다면 이메일 혹은 트윗으
  로 경고하게 할 수 있습니다.
- 어두운 창고나 차고지 벽에 있는 전원 스위치를 찾기가 어렵다면 정전
  용량 센서를 사용해 벽이나 탁자에 붙여놓은 알루미늄 호일을 가볍게
  만지는 것으로 전등을 켜고 끌 수 있도록 설정해 사용할 수 있습니다.
- CdS 센서를 활용해 밤/낮의 주기와 일조량을 기록하도록 하고, 수집된
  데이터를 통하여서 계절마다의 원예 데이터를 구축합니다. 구축된 데
  이터는 어떤 시기에 어떤 종류의 꽃, 과일, 채소 등을 심을지에 대한 지
  표가 됩니다.

이러한 개량을 하지 않고도 새 모이 그릇이 수집한 데이터들을 가지고
더 다양한 정보를 얻어낼 수 있습니다. CairoPlot[15] 같은 파이썬 그래프 라
이브러리를 활용한다면, 새들이 평균적으로 새 모이 그릇에 머무는 시간
과 주기를 시각적으로 표현해낼 수 있습니다 또한, 새 모이의 소비 속도,
날씨가 새들의 방문에 미치는 영향, 새 모이 종류에 따른 새들의 방문 주기
변화 등에 대해서도 알아볼 수 있습니다.

프로젝트를 통해서 작성되는 트윗을 다른 새 애호가들과 온라인으로 공
유하면서 하나의 소셜 네트워크를 구축할 수 있습니다. 이렇게 얻은 자료
들을 서로 비교하고 다양한 장소와 지형적인 요인에 따른 새들의 개체 수,

---

[15] http://cairoplot.sourceforge.net/

환경 변화에 따른 영향, 이주 주기 등과 같은 새에 대한 다양한 자료를 정리하고 연구할 수 있습니다.

## 6장

소포 배달 감지기

기나긴 하루를 보내고 난 뒤 집에 돌아와서 대문 앞에 놓인 소포를 발견하는 일만큼 신이 나고 즐거운 일은 없을 것입니다. 심지어 매일 온라인 추적 서비스로 확인해서 택배가 도착할 줄 미리 알고 있었다고 해도, 배송된 소포를 맞이하는 일은 마치 생일 선물을 받는 듯한 행복감을 느끼게 해줍니다.

소포가 도착하자마자 바로 그 사실을 알게 되는 게 택배기사가 한참 뒤에나 보내주는 배달 확인 이메일을 확인하는 것보다 낫지 않을까요? (그림 16 '소포가 도착하는 즉시 이메일로 알림을 받으세요'를 참조하세요.) 그리고 택배 기사가 실수로 잘못된 곳에 소포를 배달할 가능성도 있습니다. 소포 배달 감지기는 이러한 걱정들을 하지 않게 해줍니다. 이 장치는 현관문 앞에 소포가 놓이면 이것을 감지하고 이메일로 주인에게 알림을 보내줍니다. 이러한 알림을 무조건 보내게 하지 않고 필터링한 다음, 택배 회사에서 배송을 확인할 때까지 늦춰지도록 할 수도 있습니다.

이 프로젝트는 5장 「트윗하는 새 모이 그릇」에서 사용했던 구성물을 재활용합니다. 또한, 4장 「전자 경비견」에서 사용했던 감시 시스템을 채용합니다. 소포 배달 감지기는 적외선 센서를 사용하는 대신에 압력 저항을 사용합니다. 이 프로젝트는 작은 소포 정도의 무게를 지닌 상자(약 0.5kg내외)가 압력 저항을 내장한 소포 수취 판자 위에 올라오면 센서가 그것을 감지하고 XBee 모듈을 통해서 알림을 보냅니다. 알림을 수신한 파이썬 스크립트는 해당 내용을 기록하고 이메일로 주인에게 메시지를 보냅니다. 부가 기능으로 알림 메일을 바로 보내지 않고 한 시간 정도 기다리게 해서 택

배 회사의 홈페이지를 통해서 택배의 배달 확인이 완료된 것을 확인한 후에 이메일을 보내게 할 수도 있습니다.

6.1 필요한 물품

이 프로젝트에 사용되는 부품 대다수는 다른 프로젝트에서 이미 사용했던 부품이고, 압력 저항(가끔 압력 센서로도 불립니다)만 처음 사용되는 부품입니다. 부품의 생김새는 그림 17 '소포 배달 감지기 부품들'을 참조하세요.

1. 아두이노 디에시밀라, 나노, 우노 중 1개
2. XBee 모듈 두 개와 FTDI 케이블

3. 10k 옴 저항 1개

4. 압력 저항[1] 1개 (생긴 모습은 그림 18 '소포 배달 감지기 저항'을 참고하세요. 스파크펀에서 판매하는 사각 압력 저항[2]은 더 넓은 표면적을 가지고 있습니다.

5. 아두이노에 전원을 공급할 9v 전원 공급기 1개

6. 쐐기로 연결된 두 개의 나무 혹은 플라스틱 재질의 판자

7. 정보 처리를 할 리눅스 혹은 맥 기반의 파이썬 2.6 이상이 설치된 컴퓨터 1대(사진에는 나와 있지 않음)

그림 17 소포 배달 감지기 부품들

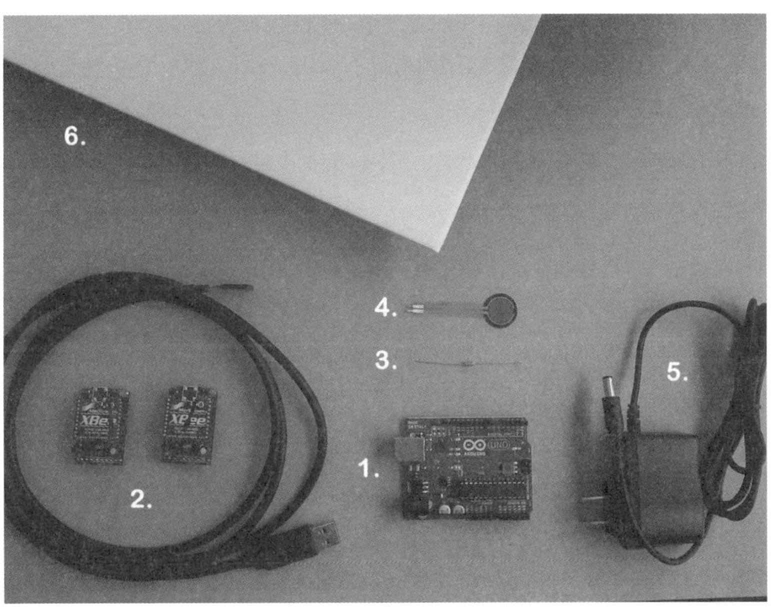

---

1 http://www.adafruit.com/products/166
2 http://www.sparkfun.com/products/9376

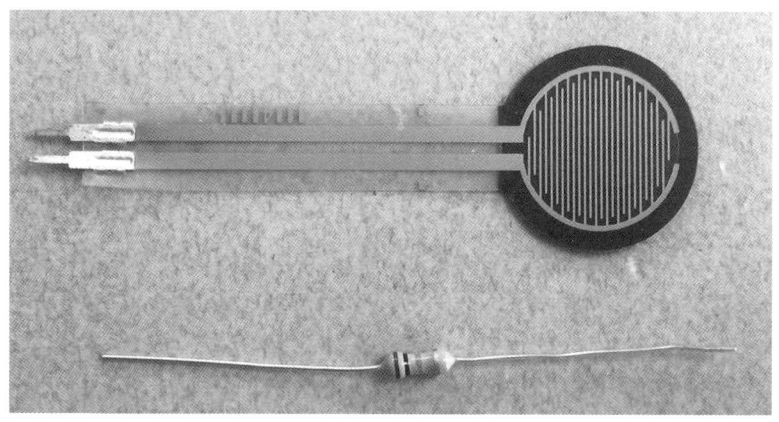

사용하는 아두이노의 모델에 따라서 아두이노와 컴퓨터 연결을 위한 표준 A-B 혹은 A-미니 B USB 케이블이 필요합니다.

이 책에 나와 있는 프로젝트를 차례대로 제작해 왔다면 소포 배달 감지기를 제작하는 것은 쉬운 작업입니다. 소포 배달 감지기는 '트윗하는 새 모이 그릇' 프로젝트를 약간만 변형한 프로젝트이기 때문입니다. CdS 센서 대신에 압력 저항을 사용하고, 새 모이 그릇 프로젝트에서 사용했던 파이썬 스크립트를 변경해서 사용합니다. 파이썬 스크립트에서 변경될 점은 택배 회사 홈페이지에서 정보를 가져와서 택배가 배송되었는지 확인하는 기능을 추가하는 것입니다.

6.2 제작 과정 미리보기

이 프로젝트를 위한 하드웨어 제작 과정은 트윗하는 새 모이 그릇 프로젝트와 거의 같습니다. 이번에도 파이썬 스크립트를 사용해 서버 중심으로 작동하지만 추가로 FedEx나 UPS 같은 몇몇 택배 회사 홈페이지에 접속해

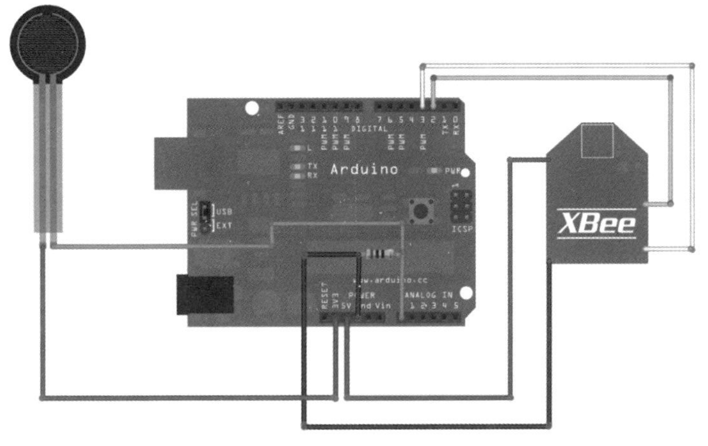

서 소포의 배송 여부를 확인하는 기능을 추가합니다. 자세한 과정은 아래
와 같습니다.

1. 압력 저항을 아두이노의 아날로그 핀에 연결하고, 무게를 가했을 때의
   한계치를 파악합니다.
2. XBee 모듈을 아두이노와 연결하고, 압력 저항이 한계치를 넘겼을 때 컴
   퓨터에 연결된 XBee 모듈로 메시지를 송신하게 합니다.
3. 한계치를 넘겼다는 메시지를 수신하고 바로 주인에게 이메일을 송신하
   는 것이 아니라 송장 번호를 조회할 약 10분 동안의 유예 시간을 줍니
   다. 유예된 시간 동안 받을 예정인 소포의 송장 번호 목록을 조회하고,
   송장 번호들을 택배 회사 홈페이지의 추적 서비스를 활용해 배송 완료가
   되었는지 확인합니다.
4. 배송 완료가 되었다고 확인되면 송장 번호 목록에서 해당 번호의 수화물
   에 배송완료 표시를 합니다.

5. 구글의 지메일 SMTP 게이트웨이를 통해서 소포가 도착한 시간과 해당 소포가 어떤 물품인지에 대한 내용을 포함한 이메일을 주인에게 보냅니다. 만일 송장 번호 목록에 있는 물품이 아니라면 해당 특이점을 메일에 포함해서 보냅니다.

6.3 하드웨어 조립

트윗하는 새 모이 그릇 프로젝트를 앞서 제작했다면 센서와 XBee 모듈을 아두이노에 연결하는 법을 숙지하고 있을 겁니다. 만일 기억이 잘 나지 않는다면, 5.5절 '무선장비 설치'를 참조하세요. 아날로그 핀에 CdS 센서와 10k옴 저항 대신에 압력 저항을 장착할 것입니다. 그림 19 '소포 배달 감지기 배선도'를 보면 압력 저항의 한쪽 다리를 3.3v 전원 핀에 연결하고, 나

그림 20 소포 배달 감지기

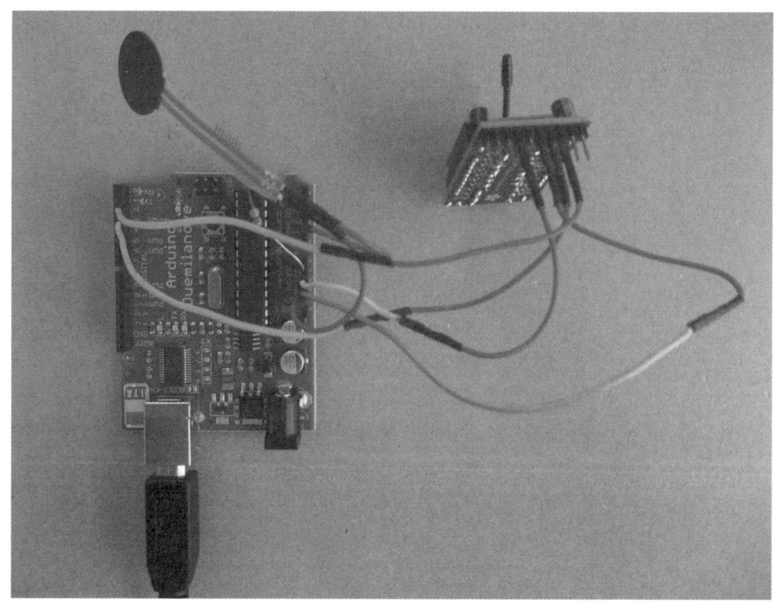

머지 한쪽을 0번 아날로그 핀에 연결합니다. 그 후에 아날로그 0번 핀과 접지 핀을 10k옴 저항으로 연결합니다.

XBee 모듈은 트윗하는 새 모이 그릇 프로젝트에서 사용하였던 방식과 같게 연결합니다. XBee의 전원선을 아두이노의 5.5v 출력 핀에 연결하고, XBee의 접지선을 아두이노의 접지 핀에 연결합니다. XBee의 수신 핀을 아두이노의 2번 디지털 핀에 연결하고, 출력 핀을 3번 디지털 핀에 연결합니다. 배선 과정을 마쳤다면 그림 20 '소포 배달 감지기'의 모습과 같을 것입니다.

6.4 코드 작성

이 프로젝트에서 사용되는 코드는 크게 두 가지 부분으로 나뉩니다. 첫 번째 부분은 압력 저항을 통해서 충분한 무게를 가진 물체가 얹어졌는지 감지하고, 만일 감지된다면 압력 저항의 값을 XBee를 통해서 송신하는 부분입니다.

두 번째는, 파이썬 스크립트로 작성된 압력 저항이 보내는 신호를 모니터링하고 있는 부분입니다. 만일 한계치 이상의 값이 감지된다면 압력 저항의 값과 해당 시각을 SQLite 데이터베이스에 기록합니다. 그리고 받을 예정인 소포의 송장 번호 목록을 조회하고 송장 번호들을 택배 회사 홈페이지의 추적 서비스를 활용해 배송 완료가 되었는지 확인합니다. 확인된 후에 소포가 도착한 시간과 해당 소포가 어떤 물품인지에 대한 내용을 포함한 이메일을 주인에게 보냅니다.

6.5 소포 배달 코드

소포 배달 감지기를 위한 코드는 트윗하는 새 모이 그릇 프로젝트에서 사용했던 코드를 약간 수정한 것입니다. 아두이노 중심 프로젝트의 장점 중 하나가 한번 특정 센서나 액추에이터를 위한 코드를 짰다면 사용하였던 논리와 문법 구조를 재사용할 수 있다는 것입니다. 사실 거의 모든 센서와 액추에이터의 기본적인 원리는 같기에 센서의 종류와 모터의 종류, 그리고 값들만 바꿔준다면 코드는 재사용할 수 있습니다.

이미 이 프로젝트에 사용되는 코드 대부분을 앞서서 다룬 트윗하는 새 모이 그릇 프로젝트에서 다뤘기에 코드에 대한 설명을 길게 하지 않겠습니다. 다만, 변수 중에서 force_value는 신경을 써야 합니다. 다른 프로젝트들에서 사용한 센서들과 같게, 압력 저항에 대해서도 설정을 조율해줘야 합니다. 이 프로젝트에서 사용할 수 있는 압력 저항의 종류가 다양하므로 배선 방법이나 사용 전압도 다를 수 있고 설치된 위치에 따라서도 변수 값이 달라질 수 있습니다.

```
#include <NewSoftSerial.h>
#define FORCE_THRESHOLD 400
#define ONBOARD_LED 13
#define FORCE_SENSOR 0
// XBee 시리얼 송신/수신 디지털 핀을 설정
NewSoftSerial XBeeSerial = NewSoftSerial(2, 3);
int force_value = 0;
byte force_state = 0;
void setup()
{
    // 시리얼 윈도 디버깅용 코드
    Serial.begin(9600);
    // XBee 전송을 위한 코드
    XBeeSerial.begin(9600);
    // 온보드 led 핀 설정
    pinMode(ONBOARD_LED, OUTPUT);
}
void SendDeliveryAlert(int force_value, int force_state)
{
    digitalWrite(ONBOARD_LED, force_state ? HIGH : LOW);
    if (force_state)
            Serial.print("Package delivered, force_value=");
    else
            Serial.print("Package removed, force_value=");
    Serial.println(force_value);
    XBeeSerial.println(force_value);
}
```

```
void loop()
{
        // 매번 작업을 수행할 때마다 1초씩 여유를 둡니다
        delay(1000);
        // FORCE_SENSOR의 값을 가져옵니다

        force_value = analogRead(FORCE_SENSOR);
        switch (force_state)
        {
        case 0: // 소포가 배달이 되었는지 확인
                if (force_value >= FORCE_THRESHOLD)
                {
                        force_state = 1;
                        SendDeliveryAlert(force_value, force_state);
                }
                break
        case 1: // 소포가 치워졌는지 확인
                if (force_value < FORCE_THRESHOLD)
                {
                        force_state = 0;
                        SendDeliveryAlert(force_value, force_state);
                }
                break
        }
}
```

기본적인 코드를 완성했다면 아두이노에 넣어서 압력 저항의 반응 정도를 시험해 보아야 합니다. 또한, XBee 모듈이 페어링이 제대로 되어있어서 아두이노의 아날로그 0번 핀에 들어오는 압력 저항값을 제대로 전달하는지 확인해야 합니다.

6.6 소포 배달 코드 시험하기

아두이노에 코드를 설치하고 실행합니다. 아두이노 IDE의 시리얼 창을 열어둔 상태에서 압력 저항을 손가락 사이에 끼우고 누르면 시리얼 창에는 소포가 왔다는 알림이 뜰 것입니다. 압력 저항을 놓고 몇 초 간 기다리면 시리얼 창에는 센서의 값이 400 이하라는 표기가 뜨고, 그 후에 'Empty'라고 알림이 뜹니다. 앞서 언급한 알림이 뜨지 않는다면, 센서의 배선을 확인해 보세요. 경우에 따라서는 force_sensor_value의 한계 값을 조정해야 할 필요도 있습니다.

6.7 배송 정보 처리

5장 「트윗하는 새 모이 그릇」에서 다뤘던 코드를 다시 재활용합니다. 시리얼 모니터링과 SQLite 데이터베이스를 활용하는 스크립트에 몇 가지 기능을 추가해서 사용합니다. 먼저 추가할 기능은 집으로 배송 중인 물품들의 송장번호 정보를 담고 있는 데이터베이스를 읽는 기능입니다. 물품이 소포 보관 장소에 올려졌을 때 몇 분 동안 기다린 후 저장된 송장번호를 기반으로 어떤 소포가 배달되었는지 확인합니다. 이 작업은 사용하는 택배 회사의 배송추적 서비스의 갱신 주기에 따라서 다르기 때문에 몇 분에서 한두 시간 정도 기다릴 수도 있습니다. USPS(미국우정공사)의 경우에는 확인까지 온종일 걸릴 수도 있기에 이번 프로젝트에서 필요로 하는 신속성에 알맞지 않습니다.

택배 회사의 웹사이트를 통해서 송장번호를 조회한 후에, 주인에게 보낼 알림 메일에 소포를 배송한 해당 택배회사에 대한 정보를 기재합니다. 만일 송장번호 조회가 되지 않는다거나 저장된 송장번호 목록과 일치하는 소포가 아니라면, 그 사항을 메일에 기재해서 보냅니다.

최종적으로, 구글이 제공하는 지메일^{Gmail} 서비스를 통해서 주인에게 메일을 보냅니다. 만일 지메일 계정이 없다면 이 프로젝트를 진행하기 위해서 계정을 생성해야 합니다. 다른 서버를 통해서 SMTP로 출력되는 메일에 대한 접근 권한이 있다면 지메일의 SMTP 게이트웨이를 대신해서 사용할 수 있습니다. 일단 파이썬 코드를 작성하기 전에 배송 정보와 송장 번호, 물품 정보를 담은 데이터베이스를 구축해야 합니다.

6.8 배송 정보 데이터베이스 구축

이 프로젝트를 위해서 사용될 두 개의 표를 제작합니다. 첫 번째 표에는 소포가 배달되었을 때와 옮겨졌을 때 압력 저항이 감지한 무게의 변화 기록을 기록하고, 두 번째 표에는 배송되어서 오고 있는 소포의 송장 번호와 배송이 완료된 날짜와 시간을 기록합니다. 이런 양식의 표를 짜는 것은 5장 「트윗하는 새 모이 그릇」에서 이미 다루었기 때문에 비슷한 방식으로 배송 정보 데이터베이스를 구축할 것입니다.

sqlite3 툴을 사용해 데이터베이스 파일을 생성합니다. 그 후 두 개의 표를 packagedelivery 데이터베이스 파일 속에 생성합니다. 압력 저항의 감지 기록을 날짜와 시간까지 포함해서 기록해야 한다는 사실을 명심해야 합니다. 데이터베이스는 아래와 같은 형식입니다.

Column Name	Data Type	Primary Key?	Autoinc?	Allow Null?	Unique?
id	INTEGER	YES	YES	NO	YES
time	DATETIME	NO	NO	NO	NO
event	TEXT	NO	NO	NO	NO

이 표가 익숙하게 보이는 이유는 「트윗하는 새 모이 그릇」 프로젝트에서 사용하였던 표의 구조와 거의 같기 때문입니다. 이 표가 수행하는 기본적인 기능은 변화가 감지되면 해당 사항을 표의 양식에 맞추어서 기록하는 것입니다. 여기서 '변화'가 의미하는 것은 소포가 도착하는 것입니다.

아래의 SQL 구문을 sqlite3 툴에 입력하면 표를 생성해 냅니다.

```
[~]$ sqlite3 packagedelivery.sqlite
SQLite version 3.7.6
Enter ".help" for instructions
Enter SQL statements terminated with a ";"
sqlite> CREATE TABLE "deliverystatus" ("id" INTEGER PRIMARY
KEY NOT NULL UNIQUE,
```

“time” DATETIME NOT NULL,”event” TEXT NOT NULL);

송장번호와 소포의 내용물, 배송 상태, 배송완료 여부를 기록할 tracking 표를 제작해야 합니다. 이 표의 형식은 아래와 같습니다.

Column Name	Data Type	Primary Key?	Autoinc?	Allow Null?	Unique?
id	INTEGER	YES	YES	NO	YES
tracking_number	TEXT	NO	NO	NO	NO
description	TEXT	NO	NO	NO	NO
delivery_status	BOOLEAN	NO	NO	NO	NO
delivery_date	DATETIME	NO	NO	NO	NO

아래의 SQL 구문을 sqlite3 툴에 입력하는 것으로 두 번째 표를 packagedelivery 데이터베이스에 생성해 냅니다.

```
[~]$ sqlite3 packagedelivery.sqlite
SQLite version 3.7.6
Enter ".help" for instructions
Enter SQL statements terminated with a ";"
sqlite> CREATE TABLE "tracking" ("id" INTEGER PRIMARY KEY NOT
NULL UNIQUE,
"tracking_number" TEXT NOT NULL, "description" TEXT NOT NULL,
"delivery_status" BOOL NOT NULL, "delivery_date" DATETIME);
```

데이터베이스 표를 작성하였으니, 파이썬을 기반으로 하는, 소포의 배송 여부를 확인하는 스크립트를 작성할 차례입니다.

6.9 배송 추적 라이브러리 설치

FedEx나 UPS가 운송 중인 소포를 추적하기 위해서 파이썬 패키지인 packagetrack을 사용합니다. 이 패키지는 택배 업체의 웹 서비스에서 제공하는 XML 기반의 데이터를 파싱해 옵니다. Beautiful Soup 같은 파이썬 기반의 스크린 스크래핑 라이브러리를 사용해 손쉽게 데이터를 수집할 수 있지만, 이러한 방식의 라이브러리는 다루기 어렵습니다. FedEx나 UPS 정도의 대기업들은 편리한 API 웹서비스를 제공함으로써 페이지를 수집하는 봇들이 정보를 가져가는 걸 막습니다. 그러므로 packagetrack을 설치하기 전에 일단 FedEx와 UPS에 고객 계정을 생성한 뒤에 API 인증을 요청해야 합니다. 각 택배회사 홈페이지에 가입하는 데에는 유효한 신용카드 번호가 필요합니다(배송비 청구를 위해서 사용됩니다).

올바른 아이디와 비밀번호, 그리고 계정 번호를 얻었다면 각 회사의 개발자 포탈에 들어가서 API 키[FedEx] 혹은 라이선스 넘버[UPS]를 신청합니다. FedEx는 추가적인 보안 인증 코드를 발급해 줍니다(키 비밀번호와 메타 넘버). 이렇게 얻은 값들은 웹 서비스 API를 호출할 때 사용할 수 있습니다.

이제, 가장 최신의 packagetrack 패키지를 설치합니다. 그러나 간편한 다운로드 및 설치를 수행해 주는 easy_install 파이썬의 패키지를 사용하는 대신 마이클 스텔라[Michael Stella]가 유지 보수하는 packagetrack의 git 보관소[3]를 가져올 것을 권장합니다. 마이클의 packagetrack 뿐만 아니라 FedEx XML 부담금 파싱 문제를 해결하는 python-fedex 의존성 라이브러리[4] 또한 다운로드해야 합니다. python-fedex 라이브러리 또한 suds라 불리는 라이브러리에 의존성을 가집니다. 이는 파이썬을 위한 Simple Object Access Protocol[SOAP] 라이브러리로써 python-fedex 라이브러리가 FedEx 웹서비스로부터 SOAP XML형식의 부담금 데이터를 파싱하는 데 필요합니다. 파이썬에 "sudo easy_install suds"라고 입력함으로써 자동으로 subs 패키지를 다운로드하고 설치할 수 있습니다.

그리고 터미널 창에서 sudo python setup.py install 명령어를 사용하여 python-fedex와 packagetrack 패키지를 설치합니다. 파이썬 인터프리터를 켜고 터미널 창에 python을 입력하여 패키지가 정상적으로 설치되었는지 확인합니다. >>> 프롬프트에서는 import packagetrack을 입력하고 리

---

3 https://github.com/alertedsnake/packagetrack
4 https://github.com/alertedsnake/python-fedex

턴을 누릅니다. 에러 메시지가 뜨지 않는다면 패키지가 올바르게 설치된 것입니다.

소포배달 감지기 스크립트에서 사용하는 다른 패키지들은 파이썬 2.5 이상의 버전에 기본적으로 설치되어 있습니다. 관련 라이브러리와 택배 회사의 API 키에 대한 승인을 얻었으므로 배송 과정을 모니터링할 스크립트를 작성할 준비가 완료되었습니다.

6.10 스크립트 작성

배송 추적 스크립트는 송장 번호를 토대로 하여서 소포의 배송 상태를 모니터링하고 이메일 알림을 보내는 등의 몇 가지 기능을 수행해야 합니다. 자세하게 서술하자면 아래와 같은 역할을 수행해야 합니다.

1. XBee 모듈 사이의 통신 내용을 살펴보며 한계 값을 넘어서는 이벤트가 발생하는지 감지. (소포 배달과 소포를 치웠을 때)

2. deliverystatus 표에 압력 저항이 감지한 값을 시간과 함께 기록.

3. 큰 값이 감지된다면(소포가 배달되었을 때), tracking 표에 저장된 송장 번호를 기반으로 배송 추적을 해본다. 만일 작은 값이 감지된다면(소포를 치웠을 때), 이메일로 알림을 보내고 다시 한계 값을 넘어서는 이벤트가 발생하는지 감지하는 상태로 복귀.

4. 만일 큰 값이 감지된다면 택배회사가 배송 정보를 갱신할 여유를 두고 tracking 표를 통한 송장번호 조회를 시행한다.

5. 배송 중인 송장 번호들을 조회하여서 각 송장 번호들의 배송 상태를 확인한다.

6. 만일 송장 번호의 배송 조회 결과, 배송이 완료된 소포가 있다면, tracking 데이터베이스 표에 있는 해당 송장 번호의 상태를 1로 수정한다. (배송 완료를 불 방식으로 표현함)

7. 지메일의 SMTP 게이트웨이를 통해서 배송상태의 변화를 알리는 내용을 담은 이메일을 송신한다. 이를 수행하기 위해서는 활성화된 지메일 계정이 필요합니다.

8. 한계 값을 넘어서는 이벤트가 발생하는지 감지하는 상태로 복귀.

이러한 과정을 처리하기 위한 스크립트를 아래에 서술해 놓았습니다.

```
① from datetime import datetime
  import packagetrack
  from packagetrack import Package
  import serial
  import smtplib
  import sqlite3
  import time
  import os
  import sys
  # Connect to the serial port
  XBeePort = serial.Serial('/dev/tty.YOUR_SERIAL_DEVICE', \
②    baudrate = 9600, timeout = 1)

③ def send_email(subject, message):
      recipient = 'YOUR_EMAIL_RECIPIENT@DOMAIN.COM'
      gmail_sender = 'YOUR_GMAIL_ACCOUNT_NAME@gmail.com'
      gmail_password = 'YOUR_GMAIL_ACCOUNT_PASSWORD'

      # Establish secure TLS connection to Gmail SMTP gateway
      gmail_smtp = smtplib.SMTP('smtp.gmail.com',587)
      gmail_smtp.ehlo()
      gmail_smtp.starttls()
      gmail_smtp.ehlo

      # Log into Gmail
      gmail_smtp.login(gmail_sender, gmail_password)

      # Format message
      mail_header = 'To:' + recipient + '\n' + 'From: ' +
        gmail_sender + '\n' \ + 'Subject: ' + subject + '\n'
      message_body = message
      mail_message = mail_header + '\n ' + message_body + ' \n\n'

      # Send formatted message
      gmail_smtp.sendmail(gmail_sender, recipient, mail_message)
      print("Message sent")
```

```python
    # Close connection
    gmail_smtp.close()

def process_message(msg):
    try:
        # Remember to use the full correct path to the
        # packagedelivery.sqlite file
        connection = sqlite3.connect("packagedelivery.sqlite")
        cursor = connection.cursor()

        # Get current date and time and format it accordingly
        timestamp = datetime.now().strftime("%Y-%m-%d %H:%M:%S")
        sqlstatement = "INSERT INTO delivery (id, time, event) \
        VALUES(NULL, \"%s\", \"%s\")" % (timestamp, msg)
        cursor.execute(sqlstatement)
        connection.commit()
        cursor.close()
    except:
        print("Problem accessing delivery table in the " \
            + "packagedelivery database")

    if (msg == "Delivery"):
    # Wait 5 minutes (300 seconds) before polling the various couriers
    time.sleep(300)

    try:
        connection = sqlite3.connect("packagedelivery.sqlite")
        cursor = connection.cursor()
        cursor.execute('SELECT * FROM tracking WHERE '\
            + 'delivery_status=0')
        results = cursor.fetchall()
        message = ""

        for x in results:
        tracking_number = str(x[1])
        description = str(x[2])
        print tracking_number

        package = Package(tracking_number)
        info = package.track()
        delivery_status = info.status
        delivery_date = str(info.delivery_date)

        if (delivery_status.lower() == 'delivered'):
        sql_statement = 'UPDATE tracking SET \
        delivery_status = "1", delivery_date = \
        "' + delivery_date + \
        '" WHERE tracking_number = "' \
```

```python
            + tracking_number + '";'
            cursor.execute(sql_statement)
            connection.commit()
            message = message + description \
            + ' item with tracking number ' \
            + tracking_number \
            + ' was delivered on ' \
            + delivery_date +'\n\n'

            # Close the cursor
            cursor.close()
            # If delivery confirmation has been made, send an email
            if (len(message) > 0):
            print message
            send_email('Package Delivery Confirmation', message)
            else:
                send_email('Package Delivery Detected', 'A ' \
                + 'package delivery event was detected, ' \
                + 'but no packages with un-confirmed ' \
                + 'delivery tracking numbers in the database ' \
                + 'were able to be confirmed delivered by ' \
                + 'the courier at this time.')
            except:
                print("Problem accessing tracking table in the " \
                + "packagedelivery database")
        else:
            send_email('Package(s) Removed', 'Package removal detected.'

⑤  if sys.platform == "win32":
        os.system("cls")
    else:
        os.system("clear")

    print("Package Delivery Detector running...\n")
    try:
        while 1:
            # listen for inbound characters from the XBee radio
            XBee_message = XBeePort.readline()

            # Depending on the type of delivery message received,
            # log and lookup accordingly
            if "Delivery" in XBee_message:
            # Get current date and time and format it accordingly
            timestamp = datetime.now().strftime("%Y-%m-%d %H:%M:%S")
            print("Delivery event detected - " + timestamp)
            process_message("Delivery")

            if "Empty" in XBee_message:
```

```python
    # Get current date and time and format it accordingly
    timestamp = datetime.now().strftime("%Y-%m-%d %H:%M:%S")
    print("Parcel removal event detected - " +
    process_message("Empty") timestamp)

    except KeyboardInterrupt:
        print("\nQuitting the Package Delivery Detector.\n")

    pass
```

⑥

① 스크립트의 의존성을 위해 serial, sqlite3, time, os, sys 표준 파이썬 라이브러리들과 함께 packagetrack를 임포트합니다.

② 컴퓨터의 시리얼 포트에 부착된 XBee의 시리얼 포트를 확인합니다. 이 기기는 입력되는 신호를 압력 저항에 연결된 아두이노에 부착된 XBee 기기로부터 받아옵니다. "/dev/tty.YOUR_SERIAL_DEVICE"를 XBee 기기가 연결된 시리얼 포트 값으로 변경하세요.

③ send_mail 루틴은 process_message 루틴에서 사용되므로 먼저 선언해야 합니다. recipient, gmail_sender, 그리고 gmail_password 값을 희망하는 "받는 사람" 및 지메일 계정 정보로 변경하세요.

④ process_message 루틴은 대부분의 동작이 수행되는 스크립트입니다. packagedelivery.sqlite SQLite 데이터베이스에 연결한 후 발생한 이벤트를 로그로 남깁니다. 배송 메시지를 받으면 스크립트는 택배 배달원이 메인 서버에 배송 상태를 남길 시간을 고려하여 5분간 기다린 후, FedEx와 UPS 웹 서비스를 조회합니다. 그리고 packagedelivery.sqlite 데이터베이스의 tracking 테이블에서 배달되지 않은 송장번호를 조회합니다. 이 값들은 한 번에 한 개씩 각 웹서비스에 입력될 것입니다. 만약 배송이 확인되었다면, 이 상태는 확인된 배송 날짜와 함께 데이터베이스에 로그로 남겨질 것이며, 또한 send_email 루틴을 통해 보내질 이메일 메시지의 본문에도 첨부됩니다.

⑤ 스크립트의 메인 루프입니다. 화면을 비우고 아두이노에 장착된 XBee 기기에서 "Delivery" 혹은 "Empty" 메시지를 받아온 후

"process_message" 루틴을 실행합니다.

⑥ 이 스크립트를 packagedelivery.py로 저장한 후 파이썬 창에서 packagedelivery.py 라고 입력하여 실행하세요. 만일 에러가 발생한다면 파이썬은 문단 형식에 매우 엄격한 언어이기 때문에 문법과 코드 들여쓰기를 확인합시다. 언어가 아무런 문제 없이 실행된다면 이제 이 코드를 테스트 할 준비가 된 것입니다.

6.11 배송정보 처리 테스트

파이썬 스크립트를 작성했고, FedEx와 UPS 고객 계정을 생성하고 웹 개발자 API 키를 획득했으니 코드를 제대로 실행시키고 시험해 볼 수 있습니다. packagedelivery 데이터베이스의 trackingstatus 표에 유효한 송장 번호를 집어넣습니다. 이 작업은 데이터베이스 표를 생성하기 위해서 사용하였던 SQLite Manager를 사용하여서 수행할 수 있습니다. 파이어폭스의 도구 메뉴에서 SQLite Manager를 실행시키고, packagedelivery.sqlite 파일을 열면 됩니다. 왼쪽에 있는 trackingstatus 표를 선택하고, Brose & Search 탭도 선택합니다. 마지막으로 Edit 버튼을 눌러서 송장 번호를 추가/수정하는 작업을 완료합니다.

역으로, 처리 속도가 더 빠른 (시각적으로는 불편하지만) sqlite3 명령 인터페이스를 선호한다면 아래와 같은 SQL 명령어를 사용하면 됩니다. (빈 자리를 채우기 위해 임시로 넣어둔 YOURTRACKINGNUM을 대체할 송장 번호를 넣는 것입니다.)

```
sqlite> INSERT INTO tracking("tracking_
number","description","delivery_status") \
VALUES ("YOURTRACKINGNUM", "My Package Being Tracked","0");
```

송장 번호가 제대로 tracking 표에 입력되었는지 확인하기 위해서 아래와 같은 명령어로 확인합니다.

```
sqlite> select * from tracking;
1|YOURTRACKINGNUM|My Package Being Tracked|0|
```

파이썬 스크립트가 정상적으로 작동하는지 확인하기 위해서 더 많은 송장 번호들을 데이터베이스에 추가합니다. 이 실험을 위해서 사용되는 송장 번호들은 굳이 배송 중이지 않은, 이미 배송 완료된 송장 번호라도 괜찮습니다. 오히려 두 종류의 송장 번호가 섞인 것이 스크립트가 제대로 작동하는지 확인하는 데에 더 좋습니다.

아두이노와 XBee로 이루어진 하드웨어의 전원을 켜고, 수신부 XBee가 FTDI 케이블을 통해서 컴퓨터에 연결된 것을 확인하고 컴퓨터에서 python packagedelivery.py를 실행시킵니다. 압력 저항을 꾹 누르고 스크립트가 송장 번호를 처리하길 기다립니다. 제대로 작동했다면 지메일 계정으로부터 이메일을 받을 겁니다. sqlite3 명령어 툴을 사용해서 select * fromtracking; 쿼리를 실행한 다음 불 방식으로 표기된 delivered 영역이 0(거짓)에서 1(참)으로 변경되었는지 확인하고, deliver_time 영역에 소포가 배달된 시간이 제대로 기록되었는지 확인할 수 있습니다.

스크립트에 오류가 있거나 변숫값을 제대로 설정해놓지 않았다면 tracking 표의 기록들을 초기화시키고 디버깅을 합니다. (print() 기능에 문제가 있을 가능성이 높습니다.)

시험을 성공적으로 마쳤다면 이제 하드웨어를 전원공급이 편리한 위치에 설치할 차례입니다.

6.12 설치하기

압력 판자를 어디에다가 설치할지 장소를 물색해 봅니다. 거의 모든 택배 회사는 수령지의 현관문 앞쪽에 소포를 놔두고 갑니다. 물론 입구를 막지 않기 위해서 현관문의 오른쪽 혹은 왼쪽에 놔둡니다. 택배 기사에게 압력 판자 위에 택배를 놓아달라고 부탁하기 위해서 쪽지나 표지판을 세워놓을 수도 있습니다.

뚜껑이 달린 보관 용기를 만들거나 사와서 바닥 쪽에 압력 저항이 달린 판자를 고정합니다. 이러한 방수 보관 용기들은 저렴한 가격에 구할 수 있습니다. 그리고 아두이노와 XBee 모듈을 작은 방수 용기에 집어넣은 후, 보관 용기 구석에 설치합니다.

소포가 하드웨어를 눌러서 파손시키는 사태를 막기 위해 하드웨어를 보관 용기의 구석에 설치하도록 합니다. 그리고 택배 기사에게 보관 용기 속에 소포를 넣어달라는 쪽지를 남깁니다. 소포를 받는 주기에 따라서 이 새로운 보관 방식에 택배 기사들이 적응하는 데 걸리는 시간도 달라질 것입니다.

소포 배달 감지기는 현관문 근처에 설치되기 때문에 집 안에서 전원을 끌어와서 사용하는 것은 어렵지 않습니다. 하지만 만일 소포 감지기가 설치된 곳이 햇볕이 잘 드는 곳이라면 트윗하는 새 모이 그릇 프로젝트에서 사용했듯이 태양 전지로 하드웨어를 구동시키는 것도 나쁘지 않은 생각입니다.

직접 소포 배달 감지기를 시험해 볼 차례입니다. 다양한 모양과 크기, 무게를 가진 상자들을 가지고 소포 배달 감지기가 제대로 반응하는지 살펴봅니다. 상황에 따라서 압력 저항을 재배치해야 할 수도 있습니다. 작은 소포는 센서 판자를 건드리지 못할 수도 있기에 감지 능력을 더 키우기 위해서 두 번째, 혹은 세 번째 압력 저항을 배치할 수도 있습니다.

이제 소포 배달 감지기는 완성되었고, 소포 배달을 감지할 준비가 되었습니다. 이제 온라인 상점을 통해서 물건들을 주문하고, 집 밖에 있을 때도 소포의 도착 여부를 알 수 있다는 것이 얼마나 편리하고 기분 좋은 일인지 체험하는 일만 남았습니다.

6.13 다음 단계

소포 배달 감지기를 단지 소포만을 감지하는 것에서 끝내지 않고 다른 용

도로도 사용할 수 있게 개조할 수 있습니다. 아래에 개조에 관한 아이디어
들을 정리해 보았습니다.

- 현재 상태로는 소포 한 개만의 배송 상태를 확인할 수 있기 때문에 코드
  와 파이썬 스크립트를 수정해서 여러 소포의 배송 상태를 확인할 수 있
  게 합니다. 예를 들어, 소포가 한 개 도착해 압력 저항의 한계 값을 1차
  적으로 초과시켰다면, 그 다음으로 도착하는 소포의 무게를 더해서 한
  계 값을 2차적으로 초과시키도록 프로그램을 짭니다.
- 압력 저항 센서의 값이 한계 값을 초과한다면 배송된 소포의 사진을 찍
  은 뒤에 이메일에 첨부해서 송신하게 합니다.
- 송장 번호 관리 데이터베이스의 성능을 향상하기 위해서 웹 프론트 엔
  드를 장고로 작성하여서 사용합니다.
- 압력 저항을 현관 매트 아래에 배치해서 손님이 문 앞에 도착하자마자
  주인이 알 수 있도록 합니다. 여기서 웹캠과 9장 「안드로이드 문단속 장
  치」를 조합해 원격으로 신원을 파악한 뒤에 집주인이 문을 열어줄 수
  있도록 개량할 수도 있습니다.
- 평소에 소포를 자주 받는다면 이메일뿐 아니라 트위터를 통해서 알림
  을 받게 할 수도 있습니다. 또는 안드로이드나 iOS를 위한 전용 애플리
  케이션을 제작해 사용할 수도 있습니다.
- 5장 「트윗하는 새 모이 그릇」 프로젝트에서와 같이 아두이노 나노와
  XBee 모듈의 조합으로 하드웨어의 크기를 줄이거나 압력 저항을 적외
  선 센서로 교체해서 우편함에 배달부의 손이 다가오면 감지할 수 있도
  록 제작할 수도 있습니다.
- 소포 배달 감지기를 4장 「전자 경비견」 프로젝트와 융합해서 사용할 수
  도 있습니다. 압력 저항을 활용해 전자 경비견을 작동시키거나 레이저
  포인터와 거리 측정기를 장착해 방문객들을 레이저로 쏴 맞추는 식의
  환영 인사를 하게끔 제작할 수도 있겠지요.

## 7장

웹과 연결된 전원 스위치

힘든 일과를 마치고 나서 집에 온 뒤에 집안의 전등과 TV, 가전제품을 휴대 전화기의 애플리케이션으로 간단하게 켤 수 있다면 매우 편리하겠죠. 표준적인 전원 코드를 사용하는 전자제품이라면 이를 실현할 수 있습니다.

이 프로젝트는 루비온레일스 웹 애플리케이션을 기반으로 하는 컴퓨터, 안드로이드 애플리케이션, X10을 활용해 앞서 언급한 일을 실현합니다. 그러기 위해서 무선으로 전원을 끄고 켤 수 있도록 해주는 안드로이드 애플리케이션을 제작합니다. (그림21 '집안의 전등과 가전 기기들을 손쉽게 제어하세요'를 참조하세요.) 이 프로젝트를 완성하면 집 근처에서 가전기기를 손쉽게 제어할 수 있을 뿐만 아니라 인터넷이 연결된 곳이라면 먼 곳에서도 제어할 수 있고, 선택적으로 레일스 서버를 통해서 외부에서도 제어할 수 있게 할 수 있습니다.

7.1 필요한 물품

X10은 전자적으로 조작이 가능한 스위치를 오랫동안 제조해온 회사입니다. 30년 전에 이 스위치를 처음으로 시장에 내놓은 이후로 제품에 적용된 핵심 기술은 변하지 않았습니다. X10 전원 스위치는 개발 된 지 오래되었지만 저렴한 가격과 컴퓨터와의 연동이 손쉽다는 이유로 아직도 가정 자동화를 시행할 때 자주 사용됩니다.

이 프로젝트에서는 X10을 구매하면 세트로 붙어오는 질이 떨어지는 윈도 기반 애플리케이션 대신에 오픈소스 유틸리티인 'Heyu'를 사용할 것입니다. 다니엘 서더스[Daniel Suthers]와 찰스 설리반[Charles Sullivan]이 제작하고 관리하는 이 유틸리티는 명령어 입력 인터페이스를 지녔으며, X10 명령들을 CM11A로 보낼 수 있습니다. 사용 시에 이 명령들은 지정된 X10 스위치로 보내집니다.

이 프로젝트를 위해서는 소스코드를 변경사항 없이 쉽게 컴파일할 수 있는 리눅스나 맥 운영체제를 사용하는 게 좋습니다. Heyu는 윈도 운영체제를 위한 네이티브 포트를 지원해주지 않으며, 앞으로도 그럴 계획이 없습니다. 그렇기 때문에 윈도 운영체제를 사용하고 있다면 VirtualBox[1]와 같은 가상화 기기를 사용해야 합니다.

프로젝트를 진행하기 위해서는 다음과 같은 부품이 필요합니다. (그림 22 '웹과 연결된 전원 스위치 부품'을 참조하세요.)

그림 21 집안의 전등과 가전 기기를 손쉽게 제어하세요. 자신이 직접 만든 스마트폰 애플리케이션을 사용합니다.

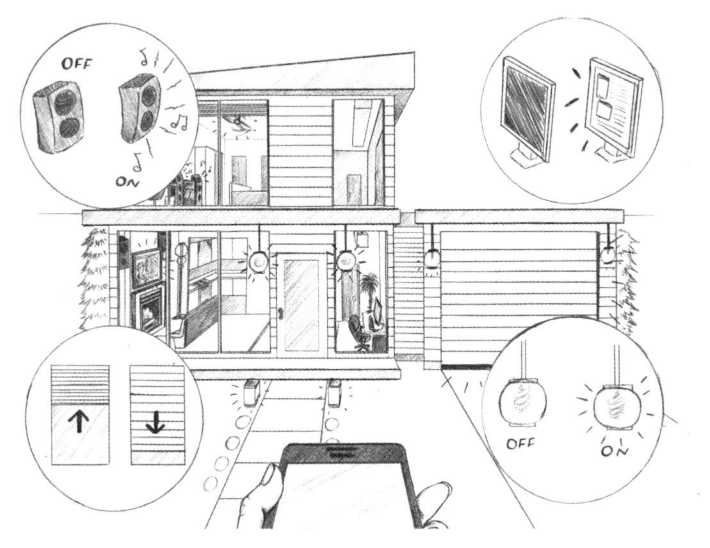

---

1   https://www.virtualbox.org/

1. X10 CM11A 컴퓨터 인터페이스[2] 1개 – 시리얼 포트를 사용하는 CM11A와는 달리, 새로운 X10 CM15A는 컴퓨터와 USB를 통해서 연결합니다. 참고로 Heyu는 USB 연결을 지원하지 않습니다. 더 자세한 사항은 Heyu FAQ[3]를 참조하세요.

2. X10 PLW01 표준 벽 스위치

3. 시리얼 – USB 케이블 1개

4. 안드로이드 OS를 탑재한 휴대전화기 혹은 태블릿 기기 (웹과 연결된 전원 스위치 클라이언트 애플리케이션을 실행하기 위해서 사용됨)

5. 루비 1.8.7 이상이 설치된 리눅스 혹은 맥 기반의 컴퓨터 (사진에는 나와 있지 않음)

그림 22 웹과 연결된 전원 스위치 부품

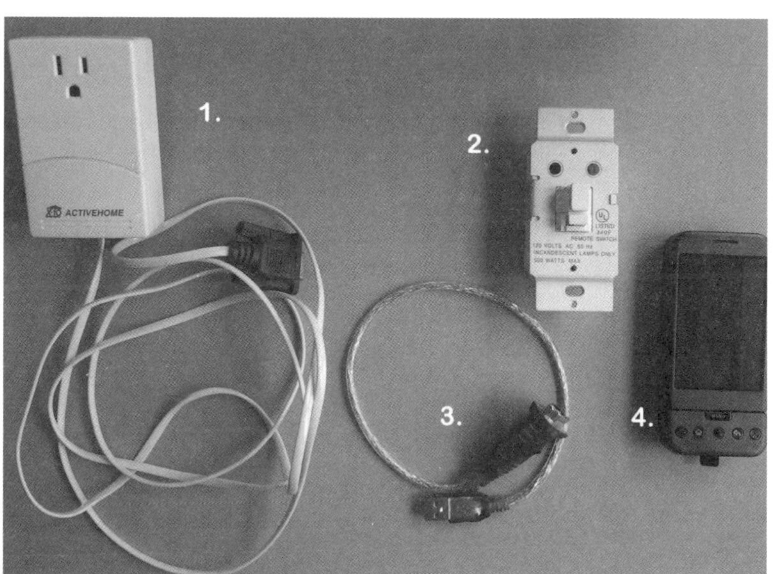

---

2   http://www.x10.com, 부품 구하는 방법은 부록 B 참고
3   http://www.heyu.org/heyu_faq.html

추가로, 아래와 같은 소프트웨어도 필요합니다.

- 2.9.3 버전 이상의 Heyu[4]
- 3.0 버전 이상의 루비온레일스[5]
- 이클립스 IDE[6]
- 1.5버전 이상의 안드로이드 SDK[7]
- 이클립스에 사용할 안드로이드 개발 툴 (ADK) 플러그인[8]

컴퓨터를 사용한 X10 프로젝트의 핵심은 제어 모듈입니다. 제어 모듈은 X10 기기 간의 통신을 연결하여서 행동 지침을 내려줍니다. 또한, 센서가 달린 X10 기기가 특정 이벤트를 감지할 때의(예: 움직임을 감지) 행동 지침도 통괄합니다. 이러한 모듈은 여러 종류가 존재하는데 X10 Firecraker(시리얼 넘버링 CM17A) 혹은 오리지널 X10 컴퓨터 인터페이스인 CM11A가 대표적입니다. 대부분의 오픈 소스 X10 자동화 소프트웨어는 이 두 기기와 다른 기기들도 지원하지만, CM11A가 가장 대중적이기에 이 프로젝트에서는 CM11A를 사용하도록 하겠습니다.

필요한 하드웨어와 소프트웨어를 구했으니 이제 이 기술을 조합해 안드로이드 스마트폰 애플리케이션에서 집 전원을 켜고 끌 수 있게 만드는 방법을 알아봅시다.

---

4   http://heyu.org
5   http://www.rubyonrails.com
6   http://eclipse.org
7   http://developer.android.com/sdk
8   http://developer.android.com/sdk/eclipse-adt.html

X10은 어떻게 작동하나요?

X10이 작동하는 원리는 특유의 펄스 코드를 집에 가설된 전기선을 통해서 흘려보
내고, 그 코드를 다른 X10 기기가 수신하는 원리입니다. 각 기기는 고유의 하우스
코드와 기기 코드를(예를 들어서 'H8') 가지고 있습니다. 예를 들어 X10 전원 스
위치를 작동시키려면 전원 플러그에 꽂혀있는 컨트롤 인터페이스가 해당 스위치
의 기기 코드를 포함한 특수한 펄스 코드를 송신합니다. 집에 가설된 전기선을 통
해서 코드는 흘러가고, 해당하는 X10 스위치가 그 코드를 수신해 작동합니다.
펄스 코드는 단순한 메시지를 포함해서 X10 스위치로 하여금 전원을 끄고 켜게
할 수 있습니다. 이는 해당 X10 모듈에 꽂혀 있는 전등이나 전자기기들을 켜고
끌 수 있게 하는 것이 가능하다는 뜻입니다. 단순히 켜고 끄는 작업 말고도 전등
의 밝기를 25% 정도로 맞춘다거나 모든 X10 기기에 연결된 가전제품들을 일제
히 켜고 끄도록 하는 명령을 내릴 수도 있습니다. 더 자세한 설명과 이에 대한 코
드들에 대해서 알아보고 싶다면 Heyu 웹사이트(http://www.heyu.org/docs/
protocol.txt)를 방문하세요.

7.2 제작 과정 미리보기

X10을 통해서 전원과 가전제품을 원격으로 제어하기 위해 여러 종류의
기술을 조합해 사용합니다. 아래와 같은 과정을 통해 프로젝트를 진행합
니다.

1. Heyu 애플리케이션을 통해서 X10 컴퓨터 인터페이스를 시험합니다.
2. Heyu 명령에 대한 웹 기반의 프론트 앤드를 제공할 루비온레일스 애
   플리케이션을 작성합니다.
3. 레일스 애플리케이션과 연락을 취하고 화면상의 토글 스위치를 사용
   해 전원을 켜고 끌 안드로이드 모바일 애플리케이션을 제작합니다.

X10 하드웨어를 조립하고 Heyu 애플리케이션으로 제어할 수 있을지 확
인해 봅시다.

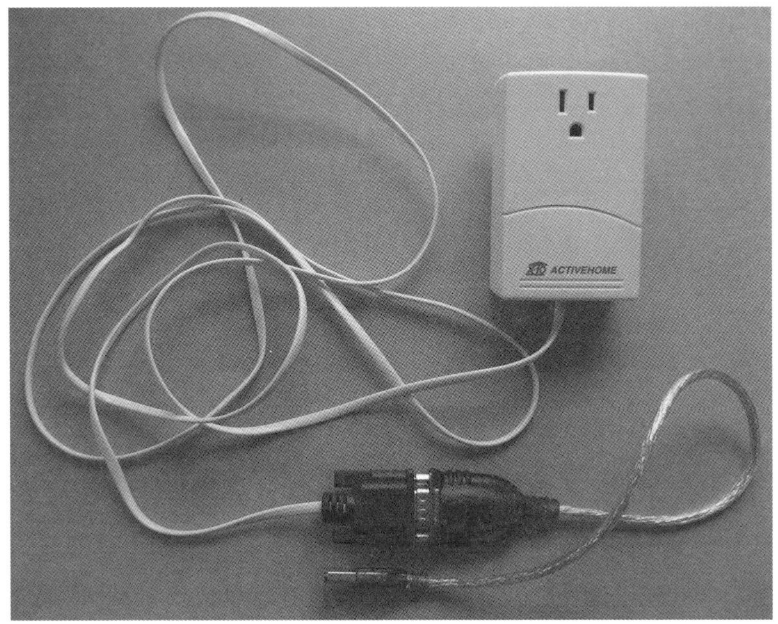

7.3 조립하기

X10 CM11A를 컴퓨터 근처에 있는 전원 플러그에 꽂습니다. CM11A는 9핀 시리얼을 통해서 연결되기 때문에 그림 23 'X10 CM11A 인터페이스가 웹과 연결된 전원 스위치를 제어합니다'와 같은 USB-시리얼 어댑터와 그에 맞는 드라이버가 필요합니다. 10.6 이상의 맥 OS를 사용하고 있다면 Prolific 웹사이트[9]에서 PL-2303 드라이버를 다운로드할 수 있습니다. 만일, 리눅스를 사용하고 있다면 별다른 조치 없이도 PL-2303 인터페이스를 사용하는 데에 문제가 없을 것입니다.

---

9   http://www.prolific.com.tw/eng/downloads.asp?ID=31l

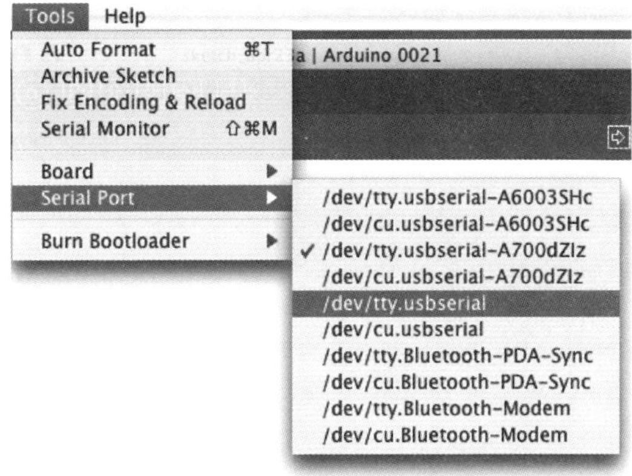

USB-시리얼 어댑터를 컴퓨터의 USB 포트에 연결하고 CM11A 인터페이스에도 장착합니다. 기기를 사용하기 위해서는 OS에서 기기를 인식시키는 절차가 필요합니다. 이 작업은 터미널 창에서 ls /dev/tty* 명령어를 입력해 적합한 tty 기기 파일을 /dev 디렉터리 안에서 찾으면 됩니다. 더 쉽게 하기 위해서는 아두이노 IDE를 실행시키고, Tools→Serial Port menu로 들어갑니다. 제 경우에는 CM11A의 기기명이 그림 24 '아두이노 Tools 메뉴가 표기하는 USB 시리얼 어댑터명'에 나왔듯이 /dev/tty.usbserial로 나왔습니다. 이 기기명은 나중에 Heyu를 사용할 때 다시 사용할 예정이니 메모해 두세요.

CM11A가 컴퓨터에서 인식되었으므로 Heyu 소스코드를 Heyu.org 웹사이트에서 다운받습니다. 다운로드한 파일을 tar -zxvf heyu-2.9.3.tar.gz 명령어를 사용해 압축을 풀고, ./Configure;make;make install 명령어를 사용해 애플리케이션을 설치합니다. 만일 맥을 사용 중이라면 이 작업을 진행하기 전에 맥 개발자 툴[10]을 설치하고 진행해야 합니다. 리눅스 컴퓨터를 사용하고 있다면 gcc 컴파일과 관련 툴이 제대로 설치되어 있는지 확인하고 진행하기 바랍니다. 데비안 기반의 리눅스 운영체제인 우분투 같은 경우에는 터미널 창에서 sudo apt-get install build-essential 명령어를 입력해 컴파일러와 링커 툴을 다운로드하고 설치합니다. 그리고 ./Configure, make와 sudo make install 명령어를 사용해 heyu 실행에 필요한 요소를 설치합니다.

heyu 실행 요소와 함께 x10.conf 파일이 /etc/heyu 디렉터리에 설치됩니다. 이 파일을 읽고-쓰기가 가능하게 만들기 위해 열어 봅니다. (예: sudo vi /etc/heyu/x10.conf)

x10.conf 파일 내부에는 다양한 옵션이 존재하지만 가장 중요한 것은 앞서서 설정한 CM11A의 시리얼 포트 경로입니다.

```
# Serial port to which the CM11a is connected. Default is /
dev/ttyS0.
TTY /dev/tty.usbserial
```

평소에 주로 사용하는 텍스트 편집기를 사용해 CM11A 기기의 시리얼 포트 값을 설정해 줍니다. 그 뒤에 파일을 저장하고 명령 터미널 창에서 아래의 명령어를 입력해 해당 설정이 옳은지 확인합니다.

```
> heyu engine
```

에러가 검출되지 않는다면, 이 기기가 제대로 작동하고 있다는 것을 뜻합니다. 여기서 heyu info를 입력하면 Heyu 설정 상태에 대해 더 자세히 알아볼 수 있습니다. 그 다음, 터미널 창에 아래와 같은 명령어를 입력해 봅시다.

```
> heyu monitor
```

이 명령어는 CM11A와 다른 X10 기기 간의 상호작용을 보여줄 것입니다. PLW01 벽 스위치의 코드 번호를 H3로 설정했다는 전제하에 아래와 같은

---

10 http://developer.apple.com/technologies/tools/

명령어를 입력합니다.

```
> heyu on h3
```

이 명령어는 스위치로 하여금 전기를 흐르게 하고, 그 결과 해당 스위치에 연결된 전자기기가 작동하도록 합니다(천장에 달린 전구 등). 그리고 터미널 창에서 아래와 같은 명령의 송신에 대한 리포트 내용을 볼 수 있습니다.

```
07/25 12:45:34 sndc addr unit 3 : hu H3 (_no_alias_)
07/25 12:45:34 sndc func On : hc H
```

H3 기기에 전원 차단 명령을 내려서 스위치를 끕니다.

```
> heyu off h3
07/25 12:50:17 sndc addr unit 3 : hu H3 (_no_alias_)
07/25 12:50:18 sndc func Off : hc H
```

앞선 명령들로 스위치를 켜고 끄는 작업에 실패했다면 AM486 같은 다른 X10 모듈을 사용하여서 실험해 봅니다. 만일 대체된 X10 모듈을 사용

X10 문제들

현시점에서, X10은 제일 저렴하면서 쉽게 구할 수 있는 가정 자동화 요소입니다. 다만, X10은 몇 가지 문제가 있습니다. 프로토콜을 한 번만 전송하는 문제(X10이 명령어를 송신하지만 수신할 기기가 제대로 명령어를 수신했는지를 파악할 방법이 없습니다) 외에도 가정에 이미 설치된 전선을 사용한다는 점이 가장 큰 문제입니다.

가정에 설치된 전선은 노이즈가 심하고 시간이 지나면서 점차 성능이 떨어집니다. 이렇게 가뜩이나 불안한 상태의 전선에 X10을 설치하면 상태가 악화될 가능성도 있습니다. 때문에 프로젝트에서 필요로 하는 통신 거리에 따라서 중간 지점에 중계기로서의 X10 모듈을 추가로 설치해야 할 수도 있습니다. 이러한 불편한 점들이 있지만 X10은 아직도 가격보다 성능이 뛰어나기에 가정 자동화를 위한 중요한 요소 중 하나입니다. X10이 판매된 이후 30년이 넘는 세월 동안 여러 대안들이 제시됐지만 아직도 X10 특유의 편리함을 뛰어넘지 못하였습니다.

하더라도 실패한다면, 벽 스위치를 X10 컴퓨터 인터페이스와 가까운 곳에 설치합니다. (되도록 같은 방 안에 설치하는 것이 좋습니다.) 개발자들이 X10을 사용하는 프로젝트를 진행하면서 맞닥뜨리는 문제들 대다수는 X10 특유의 신호를 한 번 송신하고 잊어버리는 방식과 연관이 있습니다. 만일 X10 하드웨어 자체에 문제가 있다고 판단된다면 별개의 하드웨어로 교체해서 시험해 보는 것도 좋습니다. 아니면 집에 가설된 전선에 노이즈가 껴서 CM11A 인터페이스가 X10 모듈로 발신하는 펄스 신호를 방해하고 있을 가능성도 있으니 배선공에게 점검을 부탁해 보는 방법도 있습니다.

heyu 인터페이스를 통해서 컴퓨터와 CM11A를 연결하였으니 이를 웹 애플리케이션화 한다면 손쉽게 제어할 수 있습니다. 이 방식을 활용하면 웹 브라우저나 안드로이드 애플리케이션을 통해서 X10에 손쉽게 접속하고 제어할 수 있습니다.

7.4 웹 클라이언트 코드 작성

웹과 연결된 전원 스위치를 위해 웹 브라우저를 통해서 작동하는 유저 인터페이스를 간단한 루비온레일스 프로젝트를 통해서 생성해 냅니다. 웹 인터페이스를 시험해 본 뒤에 커스텀 안드로이드 애플리케이션을 제작하기 때문에 유저 인터페이스를 생성해 내는 데에는 오랜 시간을 투자하지 않을 것입니다.

레일스는 맥 혹은 리눅스 컴퓨터에서만 작동하는데, 맥 OS X 10.6.에는 기본적으로 설치되어 있습니다. 다만, 여기에 설치된 레일스는 이 프로젝트에서 사용할 3.0 버전 이상의 최신 버전이 아니기 때문에 새로운 버전의 루비온레일스를 설치해야 합니다. 설치 방법은 루비온레일스 웹사이트에 안내되어 있습니다.

레일스 웹 프레임워크를 설치한 뒤에 새로운 디렉터리를 생성하고 프로젝트를 시작하기 전에 해당 디렉터리를 사용하도록 설정합니다.

```
> mkdir ~/projects/ruby/rails/homeprojects/
> cd ~/projects/ruby/rails/homeprojects
> rails new x10switch
create
create  README
create  Rakefile
create  config.ru
create  .gitignore
create  Gemfile
create  app
create  app/controllers/application_controller.rb
create  app/helpers/application_helper.rb
create  app/mailers
create  app/models
...
create  vendor/plugins
create  vendor/plugins/.gitkeep
```

웹 인터페이스와 Heyu 터미널 애플리케이션이 통신할 수 있도록
x10switch 디렉터리에 cmd() 명령으로 새로운 command 컨트롤러를 생
성합니다.

```
> cd x10switch
> rails generate controller Command cmd
create  app/controllers/command_controller.rb
 route  get "command/cmd"
invoke  erb
create    app/views/command
create    app/views/command/cmd.html.erb
invoke  test_unit
create    test/functional/command_controller_test.rb
invoke  helper
create    app/helpers/command_helper.rb
invoke    test_unit
create      test/unit/helpers/command_helper_test.rb
```

app/controllers/command_controller.rb 파일을 만들고, on/off 매개변
수를 확인한 다음에, 아래와 같이 명령어를 입력합니다.

```
class CommandController < ApplicationController
    def cmd
            @result = params[:cmd]
            if @result == "on"
                    %x[/usr/local/bin/heyu on h3]
```

```
            end
        if @result == "off"
                %x[/usr/local/bin/heyu off h3]
            end
        end
    end
```

%x는 커맨드 매개변수로 프로그램을 실행하기 위한 루비 생성자 constructor입니다. 따라서, %x[/use/local/bin/heyu on h3]]는 Heyu에게 On 명령어를 H3 house code로 된 X10 스위치에 보내도록 명령하는 것입니다. 마찬가지로, %x[/usr/local/bin/heyu off h3]은 똑같은 스위치를 끄도록 명령합니다.

app/views/command/cmd.html.erb 문서를 편집하고, on과 off 요청을 표기하기 위해서 그 내용물을 위의 루비 코드 한 줄과 교체합니다.

```
The light should now be <%= @result %>.
```

이 레일스 애플리케이션의 public/index.html 파일을 수정해서 좀 더 사용자 친화적인 인터페이스로 꾸미거나 추가적인 결과 값을 제공할 수도 있지만 이는 의욕적인 독자들의 자율에 맡기도록 하고 여기서는 다루지 않겠습니다. 이 프로젝트의 최종 목표는 네이티브 모바일 클라이언트 애플리케이션에서 스위치를 통제하는 것이기 때문에 굳이 웹 UI를 꾸미는 데에 시간을 오래 들일 필요가 없다고 생각되기 때문입니다.

마지막으로, config/routes.rb 파일을 수정하고, get "command/cmd"를 아래와 같이 바꿉니다.

```
match "/command/:cmd", :to => 'command#cmd'
```

이것은 레일스 애플리케이션으로 하여금 입력되는 명령어가 on/off를 수행하는지 보여줄 것입니다. 지금까지의 작업을 저장한 후 다음 단계를 시작해 봅시다.

만일, 새로운 버전의 레일스(레일스 3.1 이상)를 리눅스에 설치하는 것이라면 레일스를 실행하기 위하여 몇몇 의존 프로그램들을 설치해야 할 수도 있습니다. 이는, x10switch 디렉터리에 생성된 Gemfile 파일을 아래의 내용을 추가 수정하면 됩니다.

```
gem 'execjs'
gem 'therubyracer'
```

변동 사항을 저장하고 아래의 명령어를 실행시킵니다.

```
> bundle install
```

이 명령어는 레일스 3.1 자바스크립트 진행 엔진이 사용하는 추가 파일들을 다운로드하고 설치하도록 합니다. 이 둘을 성공적으로 설치하였으니 이제 X10switch 레일스 애플리케이션을 시험해 볼 차례입니다.

7.5 웹 클라이언트 테스트

X10 컴퓨터 인터페이스를 시리얼 포트에 연결해두고, 레일스 3 코드의 개발 서버를 아래의 명령어로 실행시킵니다.

```
> cd ~/projects/ruby/rails/homprojects/x10switch
> rails s
=> Booting WEBrick
=> Rails 3.0.5 application starting in development on
http://0.0.0.0:3000
=> Call with -d to detach
=> Ctrl-C to shutdown server
[2011-03-18 16:49:31] INFO WEBrick 1.3.1
[2011-03-18 16:49:31] INFO ruby 1.8.7 (2009-06-12)
[universal-darwin10.0]
[2011-03-18 16:49:31] INFO WEBrick::HTTPServer#start:
pid=10313 port=3000
```

웹 브라우저를 연 뒤에, 다음과 같은 주소를 입력합니다.

```
http://localhost:3000/command/on
```

코드를 제대로 작성했다면, 'The light should now be on'이라는 문구를

그림25 '브라우저가 전원 상태를 나타낼 것입니다'와 같이 브라우저에서 볼 수 있을 겁니다.

이 시점에서 Heyu는 on 명령을 H3 코드를 지닌 X10 기기에 내렸을 것입니다. 그렇다면 전등이 켜져 있어야 한다는 뜻입니다. 이때 off 명령을 통해서 전등을 끌 수도 있습니다.

```
http://localhost:3000/command/off
```

전등이 꺼졌다면 제대로 배선을 하고 프로그래밍을 완료한 것입니다. 여기서 레일스 애플리케이션이 더 많은 명령을 감당할 수 있도록 하기 위해서는 if @result == 구문을 Heyu가 수행할 명령을 포함하는 CommandController 클래스에 추가하면 됩니다. 이러한 명령어는 전등의 밝기를 30% 정도로 줄이게 하거나 가전제품을 예약된 시간 동안만 켜지도록 하거나, 여러 기기의 전원 관리를 동시에 할 수 있도록 해줍니다.

루비온레일스 프레임워크를 사용한 웹 애플리케이션 제작에 대해서 흥미가 느껴진다면 『Programming Ruby: The Pragmatic Programmer's Guide』를 읽어보세요.

웹 애플리케이션 서버가 작동하니 이제 모바일 클라이언트를 제작할 차례입니다.

7.6 안드로이드 클라이언트 코드 작성

웹 애플리케이션을 안드로이드의 모바일 웹 브라우저를 통해서 접근할 수 있는데도 굳이 네이티브 안드로이드 클라이언트를 제작하는 점에 대해서 의문을 가질 수도 있습니다. 그냥 전원을 켜고 끄는 것으로 만족한다면 네이티브 클라이언트가 필요 없습니다. 웹 인터페이스는 AJAX나 HTML5/CSS3 등을 활용하여서 화려하게 꾸밀 수 있지만 애플리케이션 자체에 특별한 기능(집에 주인이 근접하면 자동으로 전원이 켜지거나 주인에게 알

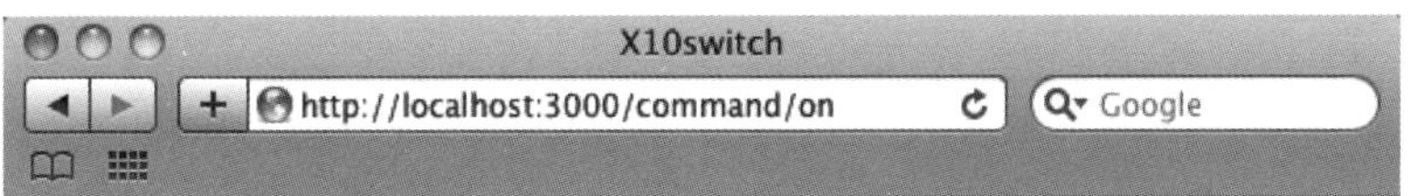

The light should now be on.

림을 전송하는 등)을 추가하려고 한다면 웹 페이지에서 구현하는 것이 불가능합니다.

이클립스 IDE (안드로이드 SDK)를 설치하지 않았다면 다운로드하고 설치합니다. 그리고 이클립스를 위한 ADK 플러그인을 설치합니다. 자세한 사항은 안드로이드 SDK 웹사이트[11]를 들어가서 참조하시길 바랍니다.

클라이언트 애플리케이션을 시험해 보기 위해서 안드로이드 가상 기기 AVD[12]를 생성해야 합니다. AVD를 생성해낼 때 가장 많은 수의 안드로이드 휴대전화기를 지원하는 안드로이드 1.5 (API 레벨 3)에 맞춰진 AVD를 생성해 내는 것을 추천합니다.

이클립스를 실행시키고 File→New→Android Project를 선택합니다. 사용하고 있는 이클립스의 버전에 따라서 이 메뉴는 New→Other→Android→Android Project에 위치할 수도 있습니다. LightSwitch 프로젝트를 불러오고, Build Target을 안드로이드 1.5로 맞춥니다. 사용하는 안드로이드 기기의 레벨에 따라서 더 높은 안드로이드 버전을 선택하여 사용할 수도 있습니다. 다만, LightSwitch 자체가 간단하고 가볍기에 안드로이드 1.5 버전으로도 충분히 구동할 수 있을 것입니다.

Properties에는 애플리케이션 명을 'Light Switch'로 기재하고, 패키지 명에는 'com.mysampleapp.lightswitch'을 기입합니다. 그리고 Create

---

[11]　http://developer.android.com/sdk
[12]　http://developer.android.com/guide/developing/devices/managing-avds.html

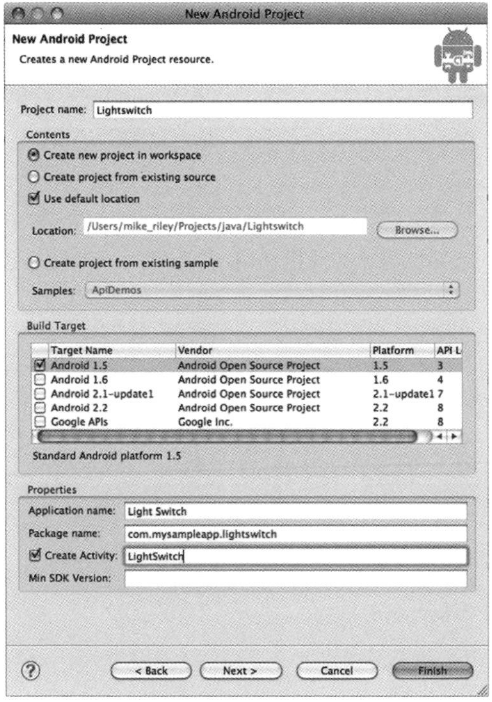

Activity 체크박스를 체크해 주고, 'LightSwitch'라고 기재합니다. 'Min SDK Version'을 기재할 수도 있지만 최대한 많은 수의 안드로이드 버전에도 사용기 가능하게 작성할 것이기에 빈칸으로 놔둘 것입니다. 진행하기 전에, 새로운 안드로이드 프로젝트 대화 상자가 그림 26 '완성된 파라미터를 가지고 안드로이드 프로젝트 대화 상자를 생성해내기'를 참조하세요.

안드로이드를 이전에 개발해 본 경험이 있다면 안드로이드 프로젝트 대화 상자의 Next 버튼을 눌러서 테스트 프로젝트 리소스를 설정하려고 하겠지만 여기에서는 시간과 노력을 아끼기 위해서 그냥 Finish 버튼을 누릅니다.

안드로이드 개발 툴인 이클립스가 전원 스위치 애플리케이션의 뼈대 코드를 생성했다면 res/layout 폴더 내에 있는 main.xml을 더블클릭해서 에디터를 실행시킵니다. 그 뒤에 ToggleButton 항목을 Form Widgets Palette에서 끌어와서 main.xml의 레이아웃에 놓습니다. 이 단계에서는 작동 확인만을 하기 때문에 굳이 이 버튼을 신경 써서 배치할 필요는 없습니다.

이 애플리케이션이 초기 안드로이드 운영체제의 기본 기능을 벗어나는 기능을 요구하지 않기 때문에 오른쪽 상단에 있는 안드로이드 버전 선택 항목을 안드로이드 1.5로 설정합니다. 그러고 나서 Hello world 텍스트 요소를 레이아웃에서 제거해도 좋습니다. 모든 과정을 마치고 난 뒤의 레이아웃은 그림 27 '전원 스위치 애플리케이션의 레이아웃'과 같은 모습이 됩니다. 마지막으로 main.xml 파일을 저장합니다.

그림 27 전원 스위치 애플리케이션의 레이아웃

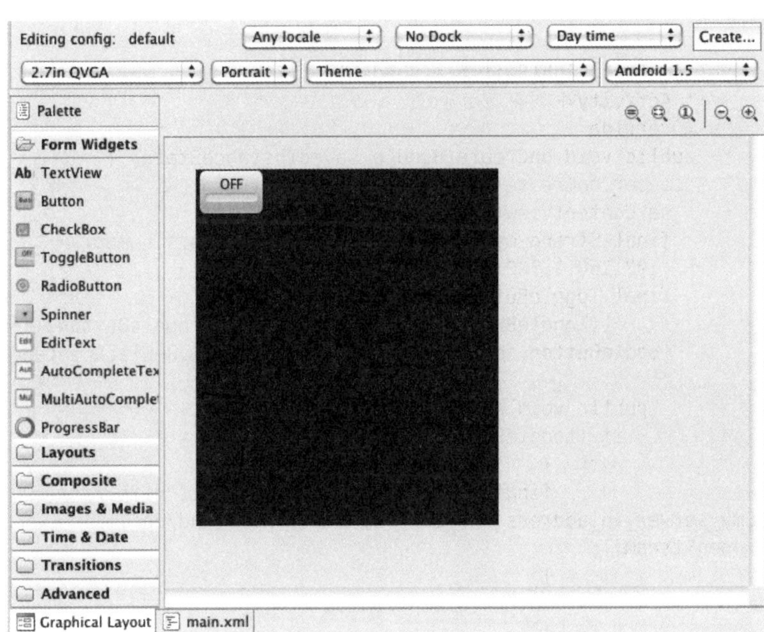

src→com.mysampleapp.lightswitch 트리를 열고, LightSwitch.java 파일을 더블클릭합니다. 이 프로젝트에서는 ToggleSwitch 위젯을 사용할 것이므로 android.widget.ToggleButton 클래스를 임포트해야 합니다.

자바 InputStream 객체에 넘겨줄 URL 객체를 만들기 위해 java.net.URL과 java.io.InputStream 라이브러리를 추가합니다. LightSwitch.java 파일의 import 문법 부분은 아래와 같이 보이게 됩니다.

```
package com.mysampleapp.lightswitch;
import android.app.Activity;
import android.os.Bundle;
import android.widget.ToggleButton;
import android.view.View;
import java.net.URL;
import java.io.InputStream;
```

LightSwitch 클래스의 OnCreate 이벤트 ID를 찾아내고 스위치가 켜지고 꺼질 때 이벤트를 모니터에 추가해야 LightSwitch가 ToggleSwitch를 인식합니다.

```
public class LightSwitch extends Activity {
  /** Activity가 처음 생성되었을 때 호출된다. */
    @Override
    public void onCreate(Bundle savedInstanceState) {
      super.onCreate(savedInstanceState);
      setContentView(R.layout.main);
      final String my_server_ip_address_and_port_number =
      "192.168.1.100:3344";
      final ToggleButton toggleButton =
          (ToggleButton) findViewById(R.id.toggleButton1);
      toggleButton.setOnClickListener(new View.OnClickListener()
      {
        public void onClick(View v) {
          if (toggleButton.isChecked()) {
            try {
                final InputStream is = new URL("http://"+
my_server_ip_address_and_port_number +"/command/on").
openStream();
                }
                catch (Exception e) {
                }
            } else {
```

```
                try {
                    final InputStream is = new URL("http://"+
my_server_ip_address_and_port_number +"/command/off").openStream();
                }
                catch (Exception e) {
                }
            }
        }
    });
    }
}
```

예시의 my_server_ip_address_and_port_number 스트링에 7.4절 '웹 클라이언트 코드 작성' 에서 작성한 레일스 애플리케이션 서버를 운용할 환경의 IP주소와 포트를 기재하는 것을 잊지 않도록 합니다. 애플리케이션을 안드로이드 에뮬레이터에서 작동을 해보고 컴파일 여부와 화면에 제대로 표시되는지 확인합니다.

7.7 안드로이드 클라이언트 테스트

이제 애플리케이션을 X10 전원 스위치에 시험해 볼 차례입니다. 레일스 기반의 X10 웹 애플리케이션이 제대로 작동한다는 가정하에 레일스 개발 서버를 그림 28 '전원 스위치 애플리케이션 구동'과 같은 네트워크/서브넷 주소로 실행합니다.

안드로이드 애플리케이션의 my_server_ip_address_and_port_number 스트링에 지정했던 것과 같은 포트 번호를 사용합니다. 예를 들어서, 192.168.1.100:3344의 경우 IP 주소는 192.168.1.100 이고, 포트 번호는 3344 입니다. 이는 레일스 서버를 실행시킬 때 아래와 같이 명령 파라미터로 넘겨줍니다.

```
> rails s –p3344
```

레일스 개발 서버가 3344 포트로 실행되고, 로컬 네트워크 (안드로이드 에뮬레이터 혹은 기기)로부터의 인바운드 요청을 기다리게 했다면, On/

Off 토글 버튼을 눌러봅니다.

아무런 일도 일어나지 않네요. 왜일까요?

그 이유는 Light Switch 프로그램 설정에서 빠진 중요한 설정 값이 하나 있기 때문입니다. Android 보안 모델에 따라서 Android OS에게 프로젝트를 위해서 작성한 프로그램이 인터넷을 사용할 수 있도록 허가받아야 합니다. 그렇게 해야 외부로의 HTTP 요청이 성공적으로 이루어질수 있습니다. AndroidManifest.xml 파일을 더블클릭한 후, 아래의 내용을 </manifest> 태그 앞에 다음과 같이 추가합니다.

```
<?xml version="1.0" encoding="utf-8"?>
<manifest xmlns:android="http://schemas.android.com/apk/res/
android"
package="com.mysampleapp.lightswitch"
android:versionCode="1"
android:versionName="1.0">
<application android:icon="@drawable/icon"
android:label="@string/app_name">
<activity android:name=".LightSwitch"
android:label="@string/app_namc">
<intent-filter>
<action android:name="android.intent.action.MAIN" />
<category android:name="android.intent.category.LAUNCHER" />
</intent-filter>
</activity>
</application>
<uses-permission android:name="android.permission.INTERNET">
</uses-permission>
</manifest>
```

새로운 권한 설정으로 전원 스위치 애플리케이션을 다시 컴파일한 후에 실행해 봅니다. 토글 버튼을 눌렀을 때 레일스 서버가 아래와 같이 성공적으로 수신 요청을 받았음을 보고한다면 제대로 작동한다는 뜻입니다.

```
Started GET "/command/on" for 192.168.1.101 at Sat Mar 21
19:48:10 -0500 2011
Processing by CommandController#cmd as HTML
Parameters:  {"cmd"=>"on" }
Rendered command/cmd.html.erb within layouts/application
(11.7ms)
Completed 200 OK in 53ms (Views: 34.7ms | ActiveRecord: 0.0ms)
```

그리고 전등이 켜졌음을 볼 수 있습니다. 토글 버튼을 한 번 더 눌러보면, 비슷한 보고 내용이 off 명령에 대해서 나옵니다.

```
Started GET "/command/off" for 192.168.1.101 at Sat Mar 26
19:52:30 -0500 2011
Processing by CommandController#cmd as HTML
Parameters:  {"cmd"=>"off" }
Rendered command/cmd.html.erb within layouts/application
(13.2ms)
Completed 200 OK in 1623ms (Views: 40.0ms | ActiveRecord:
0.0ms)
```

그 결과, 전등은 꺼집니다.

드문 경우지만, 전원 스위치 애플리케이션을 설치하는 과정에서 기간이 만료된 디버그 키 관련 문제가 발생할 수 있습니다. 안드로이드 보안 모듈이 인증된 키를 요구하기 때문입니다. 인증받은 키는 안드로이드 SDK를 설치했다면 자동으로 생성되지만 가끔씩 기간이 만료되어서 재인증 절차를 거쳐야 하는 경우가 발생합니다. 이 경우에는 안드로이드 SDK 문서[13]를 참고해서 새로운 인증키를 생성해야 합니다.

안드로이드 기기의 이클립스 환경에서 안드로이드 프로그램을 설치하는 방법에 대해서 더 알아보려면 안드로이드 애플리케이션을 에뮬레이터와 기기에서 운용하는 방법에 대해서 다룬 안드로이드 SDK 문건[14]을 읽어보세요.

7.8 다음 단계

가전기기나 전구들을 안드로이드 휴대전화를 통하여 제어할 수 있으니 이를 활용해 더 많은 가정 자동화 프로젝트를 진행할 수 있습니다.

프로젝트에서 작성한 네이티브 모바일 클라이언트를 좀 더 개량해 여러 개의 X10 스위치들을 통제하고, GPS나 시간 정보를 활용하도록 기능을 추가할 수도 있습니다. (예: 저녁 시간대에 집주인이 현관문에서 반경 5m 이내에 있다면 현관 등을 자동으로 켜도록 할 수도 있습니다.) 비록 이 책에서 위치 정보를 사용한 애플리케이션 제작 방식에 대해서 다루지 않지만 기본적으로 애플리케이션을 제작하는 방법을 배웠으니 충분히 제작할 수 있을 것입니다. 더 정교한 애플리케이션 제작을 원한다면 에드 버넷[Ed Burnette]의 『헬로, 안드로이드』를 읽어보세요. 또한, 이 책의 커뮤니티에 아이디어들을 공유하는 것도 권장합니다.

시스템을 좀 더 사용하기 편하게 만들기 위한 개량법이 아래와 같이 몇 가지 더 있습니다.

- 애플리케이션의 에러 감지 능력과 보고 능력을 개선합니다. X10의 데이

---

13 http://developer.android.com/guide/publishing/app-signing.html
14 http://developer.android.com/guide/developing/building/building-eclipse.html

터 전송 방식이 '전송하고 잊는' 방식이기 때문에 성공적으로 메시지가 전송되었는지를 파악할 수가 없습니다. 이런 단점을 해결하기 위해서 메시지를 전송하기 전에 미리 X10으로 하여금 컴퓨터에 연결 여부를 보고해서 만약 X10과 컴퓨터 간의 연결에 문제가 있다면 그것을 보고하도록 해 문제를 해결하는 것이 좋습니다.

- 다양한 X10 모듈을 사용합니다. 그 종류로는 쌍방향형(LM14A), 전구 소켓형(LM15A), 콘센트형(SR227), 고전류형(HD243) 등이 있습니다. 또한, Heyu로 하여금 동시에 여러 개의 X10 기기로 이벤트를 발신하게 합니다. 이는 한 번의 명령으로 부엌의 전등을 켜고 토스터, 커피 머신, 선풍기의 전원을 켜게 합니다. 그리고 커피와 베이글이 준비된다면 주인의 휴대전화로 알림을 보냅니다.

- 만일 더 가벼운 루비 계열의 웹 프레임워크를 선호한다면, 루비온레일스 서버 애플리케이션을 Sinatra[15]로 교체하는 것을 추천합니다. 아직 레일스에 비해서 인지도가 낮지만 Sinatra는 꽤 훌륭한 프레임워크입니다.

- 모바일 유저 인터페이스를 좀 더 멋지고 다양한 기능을 제공하는 프론트 엔드로 꾸며서 다른 웹과 연결된 스위치들, 가전제품, 주차장 문을 제어할 수 있게 합니다.

- 이 프로젝트를 아두이노 기반의 TV 리모컨 프로젝트나 8장 「커튼 자동화」라든가 9장 「안드로이드 문단속 장치」 등과 연동시킬 수도 있습니다.

---

[15]　http://www.sinatrarb.com/

커튼 자동화

SF 영화 속 미래에 등장하는 집의 모습에는 자동으로 열리고 닫히는 커튼과 가림막이 자주 등장합니다. 그 미래의 모습은 이미 재현되고 있습니다. 이번 프로젝트에서는, 광량과 온도에 따라서 자동으로 열리고 닫히는 커튼 시스템을 제작합니다. 이 시스템은 온도가 올라가면 커튼이 닫히고, 해가 뜨면 커튼이 열리게 자동으로 제어됩니다(그림 29 '커튼과 가림막을 자동화시키자').

커튼을 여닫기 위해서 주로 사용할 하드웨어적인 부품은 스테퍼 모터입니다. 스테퍼 모터는 지속해서 회전할 수 있는 모터로, 아두이노가 시계 방향 혹은 반시계 방향으로 회전하도록 제어합니다. 스테퍼 모터의 샤프트와 커튼 줄, 그리고 도르래 시스템을 결합한다면 커튼을 자유롭게 여닫을 수 있습니다.

이 프로젝트를 진행하기 위해 필요한 다른 물품을 알아봅시다.

8.1 필요한 물품

이 프로젝트를 위해서 사용할 부품은 간단한 편입니다. 주요 부품으로 광량과 온도를 측정할 센서와 스테퍼 모터, 그리고 아두이노 보드 정도면 됩니다. 나머지는 하드웨어를 고정할 물품과 전원 공급 장치뿐입니다. 자세한 사항은 그림 30 '커튼 자동화 부품'과 아래의 목록을 참조하세요.

1. 스테퍼 모터를 고정할 앵글 브래킷 4개

2. 12v 무극성 스테퍼 모터[1] 1개

3. 아두이노 motor shield[2] 1개

4. 12v 전원 공급기[3] 1개

5. 스테퍼 모터의 진동을 줄이기 위한 양면 폼 테이프

6. 커튼 끈을 잡고 움직일 홈이 나 있는 고무 도르래 바퀴 한 개

7. 센서와 스테퍼 모터를 아두이노 motor shield와 연결하기 위한 전선

8. TMP36 아날로그 온도 센서[4] 한 개 (온도 센서와 CdS 센서의 모습을 보려면 그림 31 '커튼 자동화 센서들'을 참조하세요.)

---

[1] https://www.adafruit.com/products/324

[2] http://www.adafruit.com/products/81

[3] https://www.adafruit.com/products/352

[4] https://www.adafruit.com/products/165

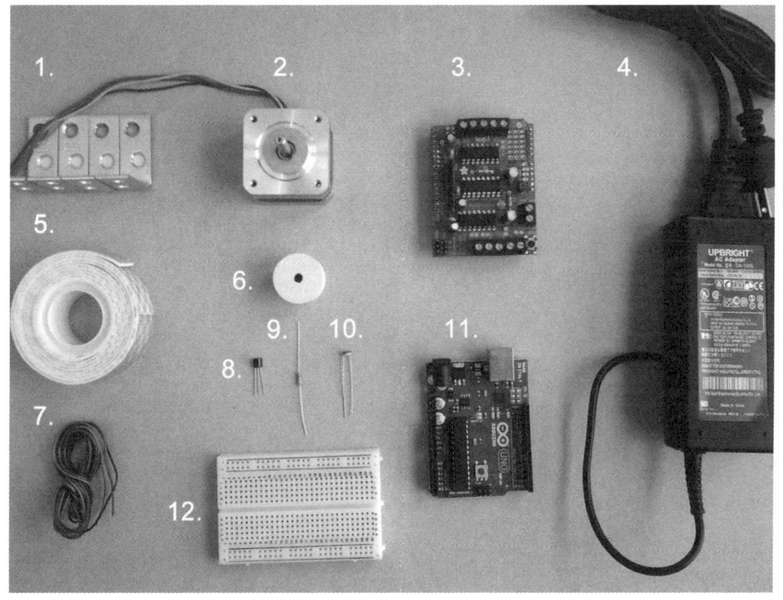

9. 10k옴 저항 (갈색, 흑색, 주황색, 금색 띠)

10. CdS 센서 한 개 (5장 「트윗하는 새 모이 그릇」에서 사용했던 센서와 같습니다.)

11. 아두이노 우노 한 개

12. CdS 센서와 온도 센서를 탑재할 작은 브레드보드 한 개

13. 아두이노와 컴퓨터를 연결할 표준 A-B USB 케이블 한 개 (사진에는 나와 있지 않음.)

이 프로젝트는 도르래식으로 작동하는 커튼이 이미 집에 설치되어 있다는 가정하에 진행됩니다. 커튼이 설치되어있지 않다면 인터넷으로 커튼을 설치하는 법을 간단하게 알아볼 수 있습니다. 이 프로젝트는 한쪽 줄을 당

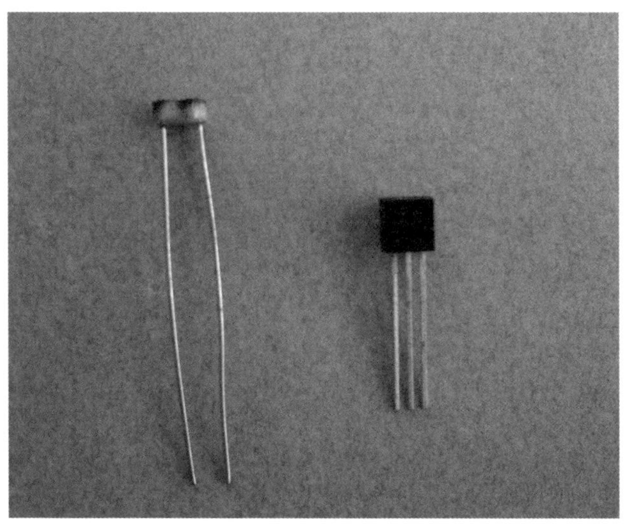

기면 다른 쪽 줄이 올라가는 형식의 '무한궤도 도르래' 방식 커튼에 적용하기 가장 좋습니다.

사용하고 있는 커튼에 적합한 크기의 도르래를 골라야 합니다. 일반적인 도르래식 커튼은 지름이 3cm 정도인, 옆면에 홈이 파여 있는 도르래를 사용하면 충분합니다. 도르래는 철물점, 자동차 수리점, 공예점, RC 전문점 등에서 구할 수 있습니다.

작동 중에 도르래가 빠지거나 미끄러지는 것을 막기 위해 도르래 구멍의 크기는 스테퍼 모터의 샤프트에 꼭 들어 맞아야 합니다. 잡화점이 근처에 있다면 스테퍼 모터를 들고 가서 여러 종류의 도르래를 끼워보면서 구매하면 시간과 노력을 아낄 수 있습니다. 딱 맞는 크기의 도르래를 찾았다면 이제 프로젝트를 진행할 준비가 됐습니다.

8.2 제작 과정 미리보기

프로젝트를 진행하기 위해서는 먼저, 아두이노 모터 실드를 조립한 뒤에 에이다프루트의 AFMotor 라이브러리를 사용한 코드로 스테퍼 모터를 시험해 봅니다. 아두이노 모터 실드의 조립법과 활용법은 에이다프루트 웹사이트[5]를 참고하세요.

아두이노가 제어하는 대로 잘 작동하는 스테퍼 모터 모듈부를 완성한후, CdS 센서를 장착합니다. 앞서 다뤘던 '트윗하는 새 모이 그릇' 프로젝트에서 사용했던 것과 같은 루틴을 빌려서 사용합니다. CdS 센서가 설정된 한계 값을 넘어선 양의 빛을 감지한다면 스테퍼 모터의 샤프트가 시계방향으로 정해진 횟수만큼 회전합니다. 반대로 한계 값 이하로 광량이 줄어든다면 샤프트는 시계 반대 방향으로 회전합니다. 이때 회전하는 샤프트에 연결된 도르래가 회전하면서 커튼을 여닫습니다.

광량 감지 외에도 실내 온도를 고려할 필요가 있습니다. 만일 실내 온도가 높아진다면 햇볕이 있더라도 샤프트를 시계 반대 방향으로 회전시켜서 커튼을 닫을 수 있도록 해야 합니다. 실내 온도가 낮아졌고 아직도 햇볕이 있다면 샤프트를 시계 방향으로 회전시켜서 커튼을 다시 열리게 합니다.

센서부를 제작하고 시험해 보았으니 스테퍼 모터의 샤프트에 도르래를 장착합니다. 그리고 커튼 줄을 도르래에 걸어서 벽의 어느 지점에 스테퍼 모터/도르래 모듈을 고정할지 가늠해 봅니다. 스테퍼 모터 모터의 위치는 구동 중에 커튼 줄이 빠지지 않도록 충분히 커튼 줄이 팽팽해지는 위치에 고정해야 합니다. 그 후에 스테퍼 모터를 조절해 커튼의 열고 닫히는 정도를 조정해야 합니다. 마지막으로, 스테퍼 모터의 회전 속도를 높여서 커튼의 열고 닫히는 속도를 조절할 수도 있습니다.

이러한 과정을 명심하고 어떻게 스테퍼 모터를 제어할 코드를 짤지 알아봅시다.

5　http://www.ladyada.net/make/mshield/make.html

8.3 스테퍼 모터 사용

전기 모터는 전자기학의 원리에 따라서 샤프트를 회전시킵니다. 자기장이 샤프트를 감싼 코일 주변에서 변화하고, 전류의 변동에 따라서 샤프트를 앞쪽 혹은 뒤쪽으로 밀어냅니다. 스테퍼 모터는 이 개념을 활용해 정밀한 조정을 할 수 있습니다.

스테퍼 모터는 잉크젯 프린터, 플로터, 하드디스크에 쓰입니다. 또한, 산업체에서 쓰이는 다양한 종류의 제조기기에도 사용됩니다.

프로젝트에서 사용하는 모터는 12v 350밀리암페어, 한 바퀴에 200스텝인 양극성 스테퍼 모터입니다. 이 모터는 웬만한 커튼을 움직일 수 있을 정도의 힘을 가지고 있습니다. 다만, 아두이노 보드의 출력이 5v밖에 안 되는데 비해 이 모터는 12v를 사용하기 때문에 별도의 외부 전원 공급 장치가 필요합니다. 다행히 아두이노 보드는 12v 입력도 사용할 수 있기 때문에 아두이노, 아두이노 모터 실드, 스테퍼 모터에 12v 전원 공급기 하나로 전원을 공급해 줄 수 있습니다.

이미 아두이노 모터 실드를 제작했다는 가정하에, 스테퍼 모터를 프로그래밍하기 위한 준비 절차는 아래와 같습니다.

1. 아두이노 모터 실드와 스테퍼 모터의 4개의 배선을 연결합니다. 에이다프루트에서 추천한 스테퍼 모터를 사용 중이라면 배선 순서는 적색, 황색, 녹색, 갈색 순서입니다. 그림 32를 참고하세요.
2. 아두이노 우노 위에 아두이노 모터 실드를 장착합니다.
3. 12v 전원 공급기를 아두이노의 전원 포트에 연결합니다.
4. 아두이노와 컴퓨터를 USB 케이블로 연결합니다.

하드웨어의 조립이 끝났으니 이제 스테퍼 모터를 구동할 아두이노를 위한 코드를 작성하는 데에 집중할 수 있습니다.

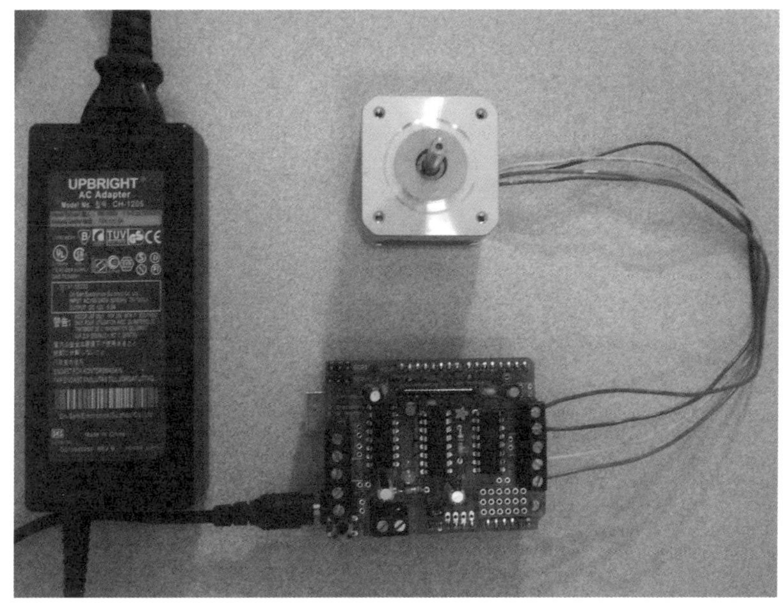

8.4 스테퍼 모터 프로그래밍

스테퍼 모터를 원하는 대로 구동시키기 위해서는 모터의 샤프트를 양쪽으로 원하는 속도로 제어할 수 있는 라이브러리를 사용해야 합니다. 에이다프루트의 AF모터 실드 라이브러리[6] 덕분에, 모터를 제어하는 작업은 손쉽습니다. 대부분의 아두이노 라이브러리들과 같이 다운로드한 압축 파일을 풀어서 폴더명을 수정(AFMotor)한 뒤에 아두이노의 라이브러리 폴더에 놔두면 됩니다. 자세한 사항은 부록 A 「아두이노 라이브러리 설치」를 참고하세요.

---

6   https://github.com/adafruit/Adafruit-Motor-Shield-library

AFMotor 라이브러리를 설치한 뒤에 아두이노 IDE를 실행시킵니다. 그리고 아래와 같이 스테퍼 모터를 시험해 볼 코드를 작성합니다.

1. AFMotor 라이브러리를 불러옵니다.

2. AFMotor 스테퍼 모터 오브젝트를 생성시키고 모터의 연결과 한 회전 당 몇 번의 스텝을 시행할지 설정합니다. (즉, 스테퍼 모터의 샤프트 회전 속도를 설정합니다.)

3. 스테퍼 모터에 내장된 두 개의 코일을 사용해 샤프트를 시계 방향과 반시계 방향으로 움직입니다. 이 방식은 한 개의 코일을 사용해 샤프트를 회전시키는 것보다 더 강한 힘을 내는 더블 코일 액티베이션 작동 방식입니다. 커튼 줄을 움직이기 위해서는 이렇게 강력한 힘이 필요합니다.

완성된 코드는 아래와 같습니다.

```
#include <AFMotor.h>
AF_Stepper motor(48, 2);
void setup()  {
    Serial.begin(9600);
    Serial.println("Starting stepper motor test...");
    // setSpeed를 사용하여서 회전 속도를 변경
    motor.setSpeed(20);
}
void loop()  {
    // Step() 기능
    motor.step(100, FORWARD, DOUBLE);
    motor.step(100, BACKWARD, DOUBLE);
}
```

참고로, 이 시험용 코드는 레이디에이다 웹페이지의 아두이노 모터 실드 항목에 기술된 샘플 코드[7]의 일부입니다.

코드를 저장하고 아두이노로 업로드합니다. 제대로 진행되었다면 스테

---

[7]   http://www.ladyada.net/make/mshield/use.html

퍼 모터는 전원을 제거하거나 새로운 코드를 입력할 때까지 시계 방향과
반시계 방향으로 계속 회전할 것입니다. 샤프트가 움직이지 않는다면 스
테퍼 모터의 배선이 제대로 연결되어 있는지 확인합니다. 또한, 모터가 구
동하는 데에 12v가 필요하기 때문에 아두이노에 연결된 전원 공급기의 출
력이 12v가 맞는지 확인합니다. 샤프트가 돌아가는 방향이 잘 보이지 않는
다면 샤프트에 테이프를 한 장 붙여줍니다. 샤프트의 움직임에 따라서 테
이프도 같이 움직이므로 샤프트의 움직임이 좀 더 잘 보일 것입니다.

하드웨어가 작동하는 것을 확인했으니 이제 온도와 광 센서를 추가해
스테퍼 모터가 좀 더 상황에 맞는 움직임을 취하도록 해줍니다.

8.5 센서 추가

스테퍼 모터와 '트윗하는 새 모이 그릇' 프로젝트에서 사용했던 CdS 센서
를 결합할 차례입니다. CdS 센서는 매초 광량을 측정하고, 광량에 따라서
스테퍼 모터로 하여금 커튼을 여닫도록 조절합니다. 여기에 온도 센서를
추가해 실내 온도가 충분하면 커튼을 열지 않도록 하거나 너무 높은 경우
에는 커튼을 닫도록 합니다.

이 프로젝트에서 사용되는 센서는 아날로그 핀을 사용합니다. 다행히
아두이노 모터 실드는 아두이노의 아날로그 핀을 사용하지 않습니다. 그
러므로 센서를 사용하는 데에 문제가 없습니다. CdS 센서는 한쪽 다리를
5V 아날로그 핀에 연결하고, 다른 한쪽은 0번 아날로그 핀에 연결합니다.
그리고 '트윗하는 새 모이 그릇' 프로젝트에서와 같이 10k옴 저항을 아날
로그 0번 핀과 접지 핀에 연결해야 합니다. 부품 다리를 직접 묶는 방법보
다 브레드보드를 사용하는 쪽이 작업을 진행하기에 편합니다. 브레드보드
를 사용하면 CdS 센서가 위쪽을 바라보게 할 수 있어서 햇빛을 쉽게 받을
수 있도록 세팅하기가 편해집니다.

온도 센서는 다리를 3개 가지고 있습니다. 첫 번째 다리는 5V 전원 핀과

연결되고 중간 다리는 5번 아날로그 핀에 연결되고 세 번째(맨 오른쪽) 핀
은 접지 핀과 연결됩니다. 결선은 그림 33 '커튼 자동화 스테퍼 모터와 센
서 결선도'를 참조해서 진행하길 바랍니다. 결선도가 아두이노 우노에 연
결된 모습을 보여주지만 실제로 전선들은 아두이노 우노 위에 결합한 아
두이노 모터 실드 위에 연결됩니다.

두 센서의 값을 매초 호출하고, 그 값이 지정된 한계 값을 넘는지에 따라
서 적당한 행동을 취하는 코드를 작성합니다.

8.6 코드 작성

이 프로젝트에서 사용되는 코드는 앞서서 제작한 프로젝트 두 개의 아이
디어를 빌려서 재활용합니다. 센서는 '트윗하는 새 모이 그릇' 프로젝트에
서 커튼의 개폐 상태의 확인은 '수위 경보기' 프로젝트에서 아이디어를 가
져왔습니다. 완성된 코드는 아래와 같습니다.

```
① #include <AFMotor.h>
② #define LIGHT_PIN 0
  #define LIGHT_THRESHOLD 800
  #define TEMP_PIN 5
  #define TEMP_THRESHOLD 72
  #define TEMP_VOLTAGE 5.0
  #define ONBOARD_LED 13

③ int curtain_state = 1;
  int light_status = 0;
  double temp_status = 0;

  boolean daylight = true;
  boolean warm = false;

  AF_Stepper motor(100, 2);

④ void setup()  {
      Serial.begin(9600);
      Serial.println("Setting up Curtain Automation...");
      // 스테퍼 모터의 회전 속도를 100 RPM으로 설정
      motor.setSpeed(100);
```

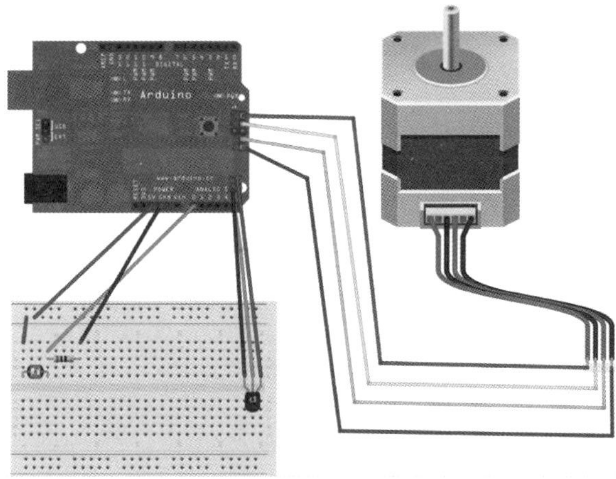

```
        // 모터 초기 설정
        // motor.step(100, FORWARD, SINGLE);
        // motor.release();
        delay(1000);
}

⑤ void Curtain(boolean curtain_state)  {
        digitalWrite(ONBOARD_LED, curtain_state ? HIGH : LOW);
        if (curtain_state)  {
                Serial.println("Opening curtain...");
                // SINGLE, DOUBLE, INTERLEAVE 혹은 MICROSTOP을 시
                도해 보아라
                motor.step(800, FORWARD, SINGLE);
        } else {
                Serial.println("Closing curtain...");
                motor.step(800, BACKWARD, SINGLE);
        }
}

⑥ void loop()  {
        // CDS 센서의 값을 호출
        light_status = analogRead(LIGHT_PIN);
        delay(500);
        // 시치얼 포트로 light_status 값을 출력
        Serial.print("Photocell value = ");
```

```cpp
Serial.println(light_status);
Serial.println("");
// 온도 값을 호출
int temp_reading = analogRead(TEMP_PIN);
delay(500);
// 전압 값을 썹씨와 화씨로 변환
float voltage = temp_reading * TEMP_VOLTAGE / 1024.0;
float temp_Celsius = (voltage - 0.5) * 100 ;
float temp_Fahrenheit = (temp_Celsius * 9 / 5) + 32;
// 시리얼 포트로 temp_status 값을 출력
Serial.print("Temperature value (Celsius) = ");
Serial.println(temp_Celsius);
Serial.print("Temperature value (Fahrenheit) = ");
Serial.println(temp_Fahrenheit);
Serial.println("");
if (light_status > LIGHT_THRESHOLD)
        daylight = true;
else
        daylight = false;
if (temp_Fahrenheit > TEMP_THRESHOLD)
        warm = true;
else
warm = false;
switch (curtain_state)
{
case 0:
        if (daylight && !warm)
        // 커튼 개방
        {
        curtain_state = 1;
        Curtain(curtain_state);
        }
        break
case 1:
        if (!daylight || warm)
        // 커튼 폐쇄
        {
        curtain_state = 0;
        Curtain(curtain_state);
        }
        break
    }
}
```

① 아두이노 모터 실드에 장착된 스테퍼 모터를 구동하기 위한 AFMotor 라이브러리를 레퍼런스로 사용합니다.

② 스테퍼 모터의 트리거 포인트를 조정할 때 쓰는 LIGHT_
THRESHOLD와 TEMP_THRESHOLD의 값을 손쉽게 변경하기 위해
몇몇 설정 값을 정의합니다.

③ 커튼의 상태, CdS 센서값, 온도 센서값(토글 값: daylight, warm)들은
밤낮과 실내 온도 판별을 위한 메인 루프의 조건부 구문에 사용됩니
다. 또한, 회전 한 번에 배정할 스텝 횟수를 설정하고(이 프로젝트에
서는 100으로 설정하였습니다), 'motor'라는 이름의 AF_Stepper 오
브젝트를 생성하여 stepper motor에 장착된 아두이노 모터 실드의
포트를 설정합니다.

④ 아두이노 IDE 시리얼 윈도로 광량과 온도를 표시하기 위한 시리얼
포트와 모터의 속도(이 프로젝트에서는 분당 100회전)를 초기화하
는 부분입니다.

⑤ 광량이나 온도가 한계 값을 넘어서면 커튼은 열립니다. 모터가 매번
한계 값을 초과하는 신호를 받을 때마다 작동하는 사태를 막기 위해
커튼의 상태(열려 있는가 닫혀 있는가)를 유지하도록 합니다. 이는
커튼이 열려있는 상태에서 커튼을 다시 열 필요가 없기 때문이며,
억지로 열려고 한다면 스테퍼 모터나 도르래, 커튼 줄에 손상이 갈
수도 있기 때문입니다.

curtain_state가 참이라면 스테퍼 모터는 반시계 방향으로 회전해서 커
튼을 열 것입니다. curtain_state가 거짓이라면 시계 방향으로 회전해 커튼
을 닫을 것입니다.

아두이노의 온 보드 LED가 커튼의 상태를 표시합니다. 커튼이 열려 있
다면 LED는 켜지고 반대라면 LED는 꺼집니다. 아두이노 모터 실드가 아
두이노 위를 덮기 때문에 온 보드 LED는 보기 어렵겠지만 디버깅 시에 유
용하게 사용됩니다.

⑥ 코드의 메인 루프는 모든 행동이 일어나는 곳입니다. CdS 센서와 온도 센서의 아날로그 값을 매초 호출하고, 온도 센서 값을 섭씨 혹은 화씨로 변환하여 사용합니다. 광 센서의 값이 #define에서 설정해둔 LIGHT_THRESHOLD의 값을 넘어선다면 지금이 낮이라는 것을 알 수 있습니다(즉, daytime = true). 하지만 이미 따듯한 방에서 커튼을 여는 행동은 방을 더 덥게 하기 때문에 실내 온도가 TEMP_THRESHOLD를 넘는 상태라면 실내 온도가 더 낮아질 때까지 커튼을 열지 않게 합니다. curtain_state의 상태를 점검하고 나서 커튼을 열거나 닫게 하려고 새로운 상태를 curtain 루틴으로 보냅니다.

작성한 코드를 아두이노로 다운 받습니다. 아두이노를 컴퓨터와 연결한 상태에서 아두이노 IDE의 시리얼 창을 열어서 센서들이 광량과 온도 값을 제대로 측정하고 있는지 확인합니다. 여기서 한계값을 넘어서는 값들이 감지될 때 스테퍼 모터가 제대로 작동하는지를 확인할 수 있습니다. (그림 34 '커튼 자동화 코드를 시험하기'를 참조해 주세요.)

커튼 자동화 코드를 점검하기 위해 광 센서를 손가락으로 가리고 스테퍼 모터가 반시계 방향으로 회전하는지 확인합니다. 손가락을 치우면, 모터가 시계 방향으로 회전한 횟수만큼 회전합니다. 온도 센서 주변으로 따듯한 바람을 불어넣거나 헤어 드라이기로 따듯한 바람을 불어넣어 줍니다. 온도 값이 한계 값을 넘어선다면 스테퍼 모터는 시계 방향으로 회전하고, 커튼이 닫히도록 할 것입니다. 열원을 제거하기 전에 광 센서를 손가락으로 가려봅니다. 그리고 나서 열원을 제거하면 스테퍼 모터는 작동하지 않을 것입니다.

광 센서에서 손가락을 치우고 온도 센서 주변의 공기가 식었다면, 모터는 반시계 방향으로 회전할 것입니다. 만일 모터가 작동하지 않는다면 찬 바람을 센서 주변으로 불어넣어 줍니다. 한계 값 이하로 온도가 내려가면 모터는 작동해야 합니다. 광량과 온도 값의 변화가 설정된 한계 값을 넘을

때마다 코드가 제대로 반응을 했는지를 확인합니다. 스테퍼 모터가 제대로 작동하기 위해서는 상황에 따라서 광량과 온도 값에 대한 한계 값을 적당히 조절해 주어야 할 수도 있습니다. 또한, 센서들이 인식한 값들 일부를 무시하도록 설정하는 것도 고려해야 할 수 도 있습니다. 그렇지 않으면 스테퍼 모터가 센서들이 인식한 한계 값을 아슬아슬하게 넘나드는 미묘한 상황에서 버벅거리면서 작동할 수가 있기 때문입니다.

센서들이 정상 작동을 하고, 설정된 한계 값을 넘길 때마다 스테퍼 모터의 샤프트가 제대로 작동하는 것을 확인하였다면 이제 센서들을 창틀에 배치하고 스테퍼 모터를 벽에 고정할 수 있습니다. 시스템이 작동하기 시작한다면 센서들을 전선 길이가 닿는 한 실내 어디든지 재배치할 수 있습니다. 단, 센서와 연결된 전선이 밟히거나 발에 걸리지 않도록 주의해서 배치해야 합니다.

8.7 하드웨어 설치

센서들을 설치할 때, 코드를 테스트할 때 세팅해둔 브레드보드를 통째로 사용해도 무난합니다. 제 경우에는 창틀에 브레드보드를 고정하는 데 양면 폼 테이프를 사용했습니다. 브레드보드에 꽂혀있는 센서가 창문을 향해 있기 때문에 마치 미래의 화분 같은 외관을 보여줍니다. 스테퍼 모터가 작동하면서 열이 나는 편이기 때문에 만약을 대비해서 가연성 물질과는 거리를 두고 배치했습니다. 모터가 작동할 때 커튼이나 가림막이 모터에 닿지 않도록 배치하세요.

창틀에 설치해둔 브레드보드와 아두이노 보드를 배치할 장소의 거리를 측정합니다. 아두이노 보드는 탁자나, 보관함, 혹은 벽 속에 매립하여도 좋습니다. 다만, 아두이노 보드를 배치할 때 전선 길이에 약간의 여유를 두면 나중에 아두이노 보드를 간편하게 재배치할 수 있습니다. 또한, 아두이노 보드에 전원을 공급할 12v 전원 공급기와 전원선을 어떻게 배치할지도 고려해야 합니다.

스테퍼 모터의 샤프트에 도르래 바퀴를 끼워 넣습니다. 커튼 줄을 도르래 바퀴 주변에 감고, 커튼 줄이 팽팽하게 도르래 바퀴에 감길 때까지 스테퍼 모터를 아래로 당깁니다. 스테퍼 모터를 영구적으로 고정하기 전에, 모터와 벽 사이를 양면 폼 테이프가 붙어있는 브래킷을 사용해 고정합니다. 이 폼 테이프는 브래킷을 나사로 벽에 고정하는 동안 모터의 위치를 고정해 주고, 모터가 작동할 때의 진동을 완화해 줍니다. 커튼 줄이 너무 팽팽하거나 헐렁하지 않도록 스테퍼 모터를 테이프로 벽에 임시로 고정하고, 커튼 줄이 너무 팽팽하게 당겨지면 나중에 재조정하기가 어려우니 어느 정도 여유를 남겨 놓도록 합니다.

브래킷을 벽에 나사로 완전히 고정하기 전에 몇 가지를 점검합니다. 이 때, 스테퍼 모터가 작동할 때 커튼 줄이 제대로 도르래에 맞물려서 회전하는지 알아볼 수 있습니다. 스테퍼 모터의 위치가 적당하다면 브래킷을 나사못으로 벽에 완전히 고정합니다.

커튼을 완전히 여닫는 데 필요한 스테퍼 모터의 회전수를 측정합니다. 처음에는 조금씩 증가시키는 방법을 사용합니다. 단, 시계 방향과 반시계 방향의 회전수는 같아야 합니다. 커튼을 완전히 여닫는 데 필요한 모터의 회전수는 모터가 한 바퀴 돌 때마다 커튼이 움직이는 거리를 측정하여 짐작할 수 있습니다. 이 값을 커튼이 완전히 열리고 닫히는 데 움직이는 거리로 나누면 모터를 몇 바퀴를 돌려야 커튼을 완전히 여닫을 수 있는지 알 수 있습니다.

스테퍼 모터가 한 바퀴 회전할 때 커튼이 움직이는 거리 = 5cm

커튼이 완전히 열리고 닫히는 데 움직이는 거리 = 90cm

90cm ÷ 5cm = 18바퀴

그림 35 설치 및 조정이 완료된 커튼 자동화 장치

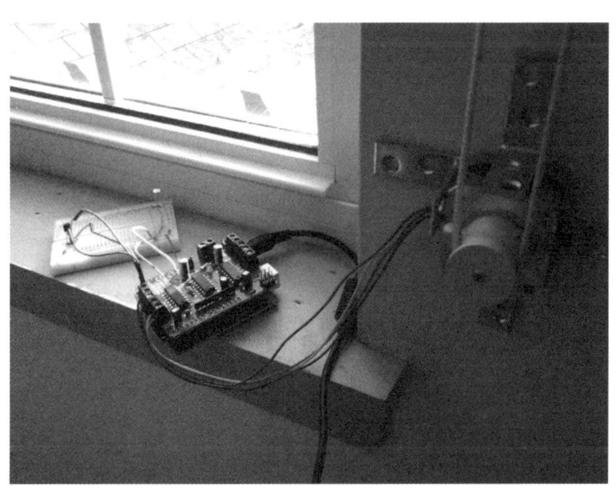

시스템을 완벽하게 조정했다면 마커로 커튼이 열렸을 때와 닫혔을 때, 도르래와 커튼 줄이 만나는 지점을 표기해 둡니다. 이 표식은 나중에 커튼 줄이 도르래를 이탈하거나 어긋났을 때 다시 조정하기 편하게 도와줍니다. 모든 작업을 마친 뒤의 모습은 그림 35 '설치 및 조정이 완료된 커튼 자동화 장치'와 같을 것입니다.

광 센서를 가리거나 온도 센서에 인위적으로 열을 가하는 방법으로 시스템을 몇 번 시험해 봅니다. 광 센서가 커튼을 여닫는 이벤트를 발생시키는 경우를 유심히 관찰하길 바랍니다. 만일 유리창에 반사된 실내의 불빛에 너무 예민하게 반응을 해서 커튼을 움직이거나 하는 반응을 보인다면, 센서를 다른 곳으로 재배치해야 합니다. 제 경우에는 센서를 검은색 전기 테이프로 창문 구석에 고정해 두었습니다. 이 조치는 센서가 실내에서 발생한 불빛에 노출되어서 오작동하는 것을 방지해 주었습니다.

시스템을 며칠 동안 동작시키면서 광량이나 온도에 따라서 커튼이 작동하는 모습을 관찰하고 특이 사항들을 메모해 놓습니다. 그리고 그 메모에 따라서 온도와 광량의 한계 값 설정을 세부 조정해 줍니다. 모든 것이 제대로 진행되었다면 이 시스템은 몇 주마다 한 번씩 커튼 줄의 위치만 확인해 주면 됩니다. 그 뒤로는 이 자동 커튼 기기의 혜택을 즐기면 됩니다. 집에 가끔 찾아오는 손님들은 이 자동 커튼 기기를 보고 깊은 인상을 받을 것입니다.

8.8 다음 단계

아두이노 모터 실드는 한 번에 두 개까지의 스테퍼 모터를 제어할 수 있습니다. 창문이 한 개 이상인 넓은 방에서 유용하게 사용할 수도 있습니다. 커튼의 도르래 시스템은 서로 연결하여서 한 개의 스테퍼 모터를 가지고 여러 개의 커튼이나 가림막을 제어할 수도 있습니다. 스테퍼 모터와 아두이노 모터 실드의 조합은 커튼 외에도 다른 가정 자동화 프로젝트에 적용할 수도 있습니다.

- 커튼 도르래 시스템을 더 정교하게 제작해서 복잡한 형태의 커튼을 제어할 수 있도록 합니다. 2중 커튼은 안쪽에 상하로 움직이는 가림막이 있고, 바깥쪽으로 좌우로 움직이는 장식 커튼이 달려 있습니다. 모터로 하여금 상하로 움직이는 가림막을 우선으로 제어하게 하고, 그 다음에 장식 커튼이 움직이도록 합니다. 이를 실내 온도와 광량에 따라서 조절되게 합니다. (즉, 햇볕이 강하고 온도가 높은 날에는 장식 커튼을 열지만 가림막은 닫혀있도록 합니다.)

- 적외선 센서를 아두이노 모터 실드와 함께 조합해서 실내에서 움직임이 감지되면 커튼을 여닫을 수 있도록 할 수 있습니다.

- 커튼 자동화 장치에 온 보드 LED 혹은 아두이노 이더넷 실드를 사용해 네트워크 기능을 추가하여 커튼을 스마트폰으로 제어하거나 인터넷 스크립트 기반으로 커튼이 특정 시간대에 열리고 닫히도록 제어할 수 있습니다.

- 아두이노 보드를 컴퓨터와 USB 포트로 항상 연결해 놓고, USB-시리얼 통신으로 커튼을 원격 제어할 수 있도록 합니다. 웹 애플리케이션 서버를 구축해서, 네이티브 스마트폰 애플리케이션을 통해서 커튼을 제어할 수도 있습니다. 호스트 컴퓨터에서 작동하는 스크립트를 작성하여서 커튼이 특정 시간대에 열리고 닫히도록 할 수도 있습니다.

- 도르래 시스템을 핼러윈 이벤트용으로 재활용할 수도 있습니다. 광센서와 온도 센서 대신에 움직임 감지 센서를 장착한 뒤, 도르래에 거미 모양의 조형물들을 달아놓고 움직임이 감지되면 거미가 오르내리도록 할 수 있습니다.

- 스테퍼 모터로 구동되는, 자동으로 움직이는 옷걸이 시스템을 구축할 수도 있습니다. 옷걸이마다 고유한 RFID 태그를 장착해 놓고 옷장 내에서 자동으로 무작위로 옷을 배열하거나 계절, 기온에 따라서 옷들이 배

열되게 할 수 있습니다. 휴대전화나 태블릿용 애플리케이션을 제작해
서, 원하는 옷을 애플리케이션에서 선택하고, 옷장에 가면 선택했던 옷
이 배치되도록 할 수도 있습니다.

## 9장

안드로이드 문단속 장치

거추장스러운 열쇠를 가지고 다니기는 것이 거추장스럽지 않나요? 이 책을 읽고 있는 독자라면 아마도 스마트폰 하나쯤은 이미 사용하는 중일 겁니다. 현관문을 스마트폰 애플리케이션을 사용해 잠금을 풀 수 있다면 편리하지 않을까요? 현관문으로 출입하는 사람들의 얼굴을 사진으로 찍어서 집주인에게 메일로 전송한다면 보안적인 면에서도 더 좋을 것입니다. (그림 36 '스마트폰을 사용해서 원격으로 문을 열자'를 봅시다.)

이 프로젝트에서는 저렴한 1세대 안드로이드 스마트폰을 사용합니다. 안드로이드 스마트폰과 Sparkfun IOIO 보드, 릴레이 스위치를 조합해 전자식 현관문 잠금 장치를 제어할 수 있습니다. 1세대 안드로이드 스마트폰은 다른 안드로이드 스마트폰이 보내는 잠금 해제 요청에 대응하는 서버로 사용됩니다. 잠금 해제 요청이 받아들여지면, 서버 역할의 스마트폰은 본체에 달린 카메라를 사용해 출입자의 사진을 촬영하고 집주인의 메일로 전송합니다.

9.1 필요한 물품

초기에 생각했었던 프로젝트의 모습은 릴레이 스위치를 사용해 전자식 잠금장치를 제어하는 방식이었습니다. 하지만 회로를 제작하면서 일어날 수도 있는 배선 실수에 의한 안전 문제가 있었기 때문에 좀 더 안전한 방법을 사용하기로 했습니다.

릴레이를 사용하는 위험한 프로젝트를 가지고 씨름하기보다는, 이 프로

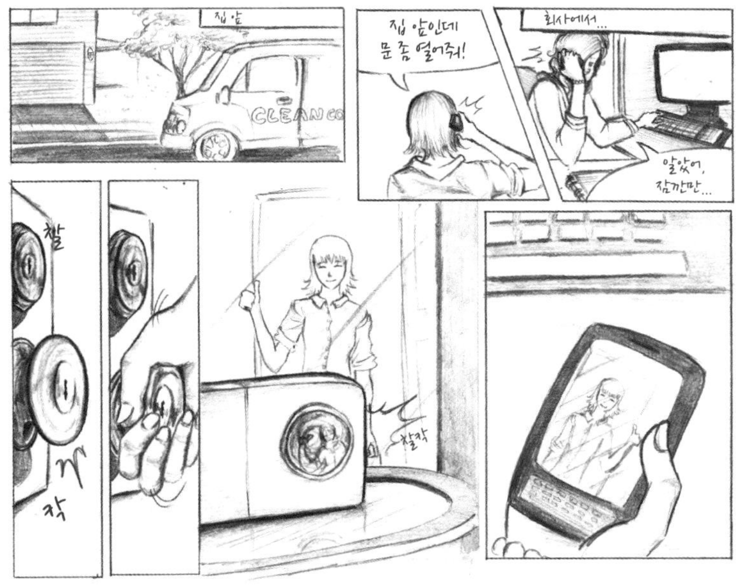

그림 36 스마트폰을 사용해서 원격으로 문을 열자

젝트에서는 'PowerSwitch Tail II'라는 상용품을 사용해 진행합니다. 이 단순한 스위치 내부에는 120v를 제어할 수 있는 릴레이를 내장하고 있습니다. 이 릴레이는 아두이노 같은 마이크로컨트롤러 보드의 5v 신호로 제어할 수 있습니다. 이 프로젝트에서는 PIC 기반의 IOIO 보드를 사용합니다. PowerSwitch Tail의 완성된 릴레이 회로는 직접 제작하는 것보다 훨씬 안전하고, 가격적인 면에서도 합리적인 제품입니다.[1]

데이터 처리와 제어를 위해서 컴퓨터와 연결된 아두이노를 사용하기보다는, 이 프로젝트에서는 Sparkfun의 IOIO 보드에 연결된 안드로이드 스마트폰을 사용합니다. 이 하드웨어 조합은 아두이노/컴퓨터 조합과 같은

---

1   (옮긴이) PowerSwitch Tail은 정격 전압이 120v라서 국내 정격 전압인 220v 환경에 맞지 않습니다. 이 제품과 같은 기능을 하는 SSR(Solid State Relay)을 부록 B에 첨부해 두었습니다.

기능을 하면서도 작은 크기와 적은 에너지를 소모한다는 점에서 항상 전원을 켜 두는 이번 프로젝트에 적합합니다.

IOIO 보드란, 안드로이드와 센서, 모터 등이 서로 통신할 수 있도록 해주는 하드웨어적인 브리지입니다. IOIO 보드는 안드로이드 스마트폰의 USB 디버깅 경로를 통해서 연결됩니다. 이 USB 경로는 IOIO의 온보드 PIC 프로세서에 신호를 보내고 받을 수 있게 사용할 수 있습니다.

IOIO의 디자이너는, 구글의 소프트웨어 엔지니어인 Ytai Ben-Tsvi입니다. 그는 IOIO를 구글의 공식적인 ADK(Open Accessory Protocol) 계획[2] 이전에 디자인했지만, IOIO 보드를 ADK 사양에 맞추어서 호환할 수 있도록 개발 중입니다. ADK는 구글의 Android@Home 가정 자동화 계획의 일부이기에, IOIO 보드를 구매하여서 사용하는 것은 지금의 프로젝트를 진행하는 데에 도움을 줄 뿐만 아니라, 미래의 Android@Home의 API와도 상성이 좋을 것입니다. 더 중요한 사실은 IOIO는 진행 중인 이 프로젝트와 같은 커스텀 프로젝트에 사용하기에 매우 좋습니다.

안드로이드 문단속 장치를 제작하는 데에 필요한 부품의 목록입니다. (그림 37 '안드로이드 문단속 장치 부품들(몇몇은 미리 조립되어 있음)'을 참조하세요.)

1. PowerSwitch Tail II(PN 80135)[3] 1개
2. 12v 전원을 잠금장치와 연결해줄 2.1mm 배럴 잭 전원 연장 케이블 1개(http://www.adafruit.com/products/327)
3. 5VDC 1A 전원 공급기[4] 1개
4. 잠금장치에 전원을 공급할 12V 5A SMPS 전원 공급기[5] 1개

---

2   http://accessories.android.com
3   http://www.sparkfun.com/products/10747 (대치품은 부록 B 참조)
4   http://www.sparkfun.com/products/8269
5   http://www.adafruit.com/products/352

5. 전선 3줄

6. 카메라가 내장된 안드로이드 스마트폰[6] 1대 (오리지널 안드로이드 G1 스마트폰을 추천합니다. 이 스마트폰은 그레이그스리스트 혹은 이베이 같은 곳에서 10만 원대 이하로 구매가 가능합니다. 주의할 점은 모든 안드로이드 스마트폰이 IOIO 보드와 호환이 되는 것이 아니니 IOIO 보드 커뮤니티에서 사전에 정보를 알아보시길 바랍니다.)

7. IOIO 보드의 JST 커넥터에 사용할 바랠 잭에서 2핀 JST 케이블로 변환해주는 젠더[7] 1개

8. JST 커넥터와 Sparkfun IOIO 보드[8] 각 1개

그림 37 안드로이드 문단속 장치 부품들(몇몇은 미리 조립되어 있음)

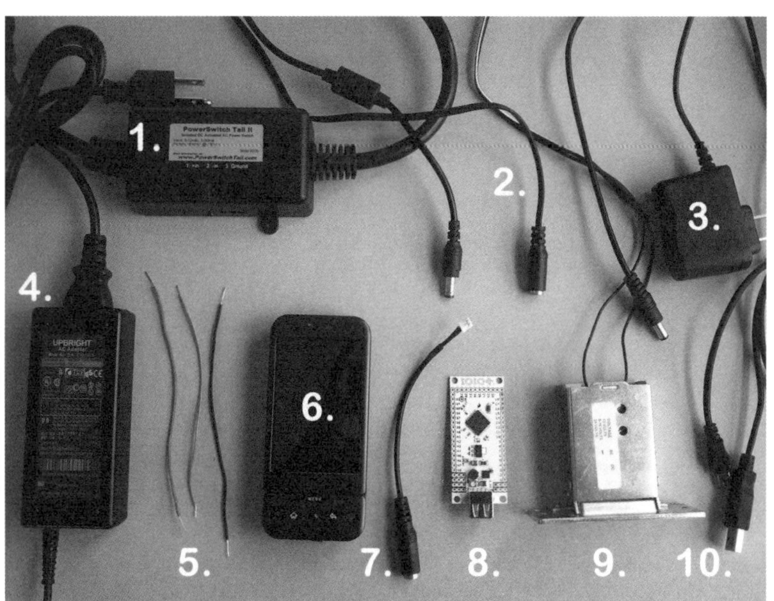

6   https://groups.google.com/group/ioio-users?pli=1

7   http://www.sparkfun.com/products/8734

8   http://www.sparkfun.com/products/10748, http://www.sparkfun.com/products/8612

9. Smarthome 사의 전자식 12VDC 잠금장치[9] 1개
10. G1 안드로이드 스마트폰과 IOIO 보드의 USB 포트를 연결할 표준 A
    - Mini-B USB 케이블 1개

여기에서 추가로, 문단속 장치 클라이언트 애플리케이션을 실행할 두
번째 안드로이드 기기(휴대전화, 태블릿 등)가 필요합니다. 이클립스 IDE,
1.5 이상의 안드로이드 SDK, 이클립스를 위한 ADK(Android Development
Tools)도 필요합니다. 안드로이드 개발에 필요한 사항에 대해서는 '웹과
연결된 전원 스위치' 프로젝트를 참조하세요.

이 프로젝트는 이 책에서 다루는 프로젝트 중에서 제일 비용이 많이 드
는 프로젝트지만, 사용된 하드웨어를 재활용하거나 응용해서 사용하기에
제일 편리한 프로젝트입니다. IOIO 보드와 안드로이드 스마트폰을 다루는
데 익숙해진다면, 구글이 왜 Android@Home을 열정적으로 계획하는지 이
해하게 될 것입니다. 또한, 이 프로젝트를 동해서 가정 자동화 애플리케이
션을 제작하는 법을 더 많이 배울 수 있습니다. 하지만 더 어려운 프로젝트
를 진행하기 전에 먼저 기초를 이해하고 진행해야 합니다. 다음 절에서는
그 기초 사항에 대해서 더 알아봅니다.

9.2 제작 과정 미리보기

이 프로젝트는 복잡한 편이며, 이 책에서 다루는 프로젝트 중에서 가장 어
렵습니다. 이 프로젝트를 진행하며 시간 대부분을 하드웨어를 조립하고
점검하는 데 사용합니다. 하드웨어의 점검을 끝내고 나서 안드로이드 스
마트폰으로 IOIO 보드와 통신을 하고, 스마트폰의 카메라와 무선 랜을 사

---

[9] http://www.smarthome.com/5192/Electric-Door-Strike-Mortise-Type/p.aspx
    (대치품은 부록 B 참조)

용합니다. 그 후, 다른 안드로이드 기기로 실행 가능한 간단한 안드로이드 클라이언트 애플리케이션을 제작해서 IOIO 보드로 PowerSwitch Tail의 전원을 켜도록 합니다. 전원이 들어온 PowerSwitch Tail은 전자식 문 잠금장치를 열리게 합니다. 이 프로젝트에서 거쳐 갈 조립, 프로그래밍, 실전 투입의 과정을 아래에 설명해 놓았습니다.

1. IOIO 보드가 5v 전원 공급을 받을 수 있도록 JST 커넥터를 Sparkfun IOIO 보드에 장착합니다.

2. USB케이블을 이용해 안드로이드 G1 스마트폰을 IOIO 보드에 연결합니다.

3. 1mm 배럴 잭 전원 연장 케이블을 이용해 전자식 잠금장치에 12v 전원 공급 장치를 연결합니다.

4. 전선 세 줄로 PowerSwitch Tail의 전원, 제어, 접지 커넥터를 IOIO 보드에 연결합니다.

5. IOIO보드를 통해 잠금장치를 제어할 수 있도록 안드로이드 폰을 프로그래밍합니다.

6. PowerSwitch Tail이 작동할 때 안드로이드 스마트폰에 내장된 카메라가 사진을 찍도록 합니다.

7. 지정된 이메일 주소로 촬영된 사진을 송신하도록 합니다.

8. 두 번째 안드로이드 기기를 위한 네이티브 잠금 해제 클라이언트 애플리케이션을 제작합니다.

9. 전자식 잠금장치를 원하는 문에 장착하고, 전선을 가까운 전원 포트에 연결하고 정리합니다.

10. 제어부 하드웨어(PowerSwitch Tail과 IOIO 보드)를 유지 보수를 위해서 쉽게 접근 가능한 벽걸이형 보관함에 내장시킵니다.

11. 자동문단속 장치 서버를 실행하고 있는 안드로이드 스마트폰의 카메라가 출입구를 바라보도록 설치해서 출입하는 사람들의 모습의 사진을 손쉽게 찍을 수 있도록 합니다.

제일 시간이 오래 걸리는 작업은 JST 커넥터를 IOIO 보드에 납땜하고 IOIO 보드와 PowerSwitch Tail 사이를 전선으로 연결하는 작업입니다. 나머지 작업들은 그냥 단순히 플러그만 올바른 자리에 꽂으면 됩니다. 5v 전원 공급기는 IOIO보드에 연결되고, 안드로이드 스마트폰은 USB 케이블을 통해서 IOIO 보드에 연결됩니다. IOIO 보드에 의해서 제어되는 PowerSwitch Tail은 한쪽은 전원 콘센트에 연결되고, 다른 한쪽은 12v 전원 공급기에 연결됩니다. 마지막으로, 전자식 문 잠금장치는 12v 전원 공급기에 연결됩니다.

제일 먼저 해야 할 일은 JST 커넥터를 IOIO 보드에 납땜하는 작업입니다. Sparkfun이 IOIO 보드에 커넥터를 미리 납땜해서 판매했다면 더 편했을 겁니다. 다만, 직접 납땜하는 작업도 나름대로 신이 나는 일이며 (그와 동시에 실수 때문에 값비싼 장비가 망가질 때의 공포감도 있고) 프로젝트에서 얻는 즐거움 중 하나입니다. 다행히 커넥터를 납땜하는 작업은 그리 어려운 작업이 아니며, 작업 후에는 IOIO 보드와 안드로이드 스마트폰에 전원 공급을 하는 일이 더 손쉬워집니다.

JST 커넥터를 IOIO 보드에 장착한 후, 배럴 잭에서 2핀 JST 케이블로 변환해주는 젠더를 IOIO 보드와 5v 전원 공급 장치에 연결합니다. 그리고 안드로이드 스마트폰을 USB 케이블을 사용하여서 IOIO 보드와 연결합니다.

전자식 잠금장치의 양극과 음극 전선을 2.1mm 배럴 잭 전원 연장 케이블의 양극과 음극 전선에 맞추어서 연결합니다. 전선 옆면에 하얀색 줄무늬가 있는 전선이 양극 전선입니다. 전기 테이프나 수축 튜브를 사용해서 노출된 전선을 절연합니다. 그리고 배럴 잭을 12v 전원 공급기에 연결합니다.

12v 전원 공급기를 전원 탭에 물려 보면서 잠금장치를 시험해 봅니다. 전원 공급기의 LED의 불이 들어오고 나서 잠금장치에서 "딸깍"하는 소리가 날 겁니다. 전원이 들어온 상태에서 잠금장치의 잠금쇠를 별다른 저항 없이 움직일 수 있을 것입니다. 12v 전원 공급기를 전원 탭에서 제거하면 잠금장치의 잠금쇠가 고정되어서 움직일 수 없게 됩니다.

이제 PowerSwitch Tail을 IOIO 보드에 연결할 차례입니다. 그림 38 '안드로이드 문단속 장치 배선도'를 그대로 따라 하세요. 우선, 전선을 사용해서 IOIO 보드의 접지 핀과 PowerSwitch Tail의 음극 핀을 연결합니다.

그림 38 안드로이드 문단속 장치 배선도

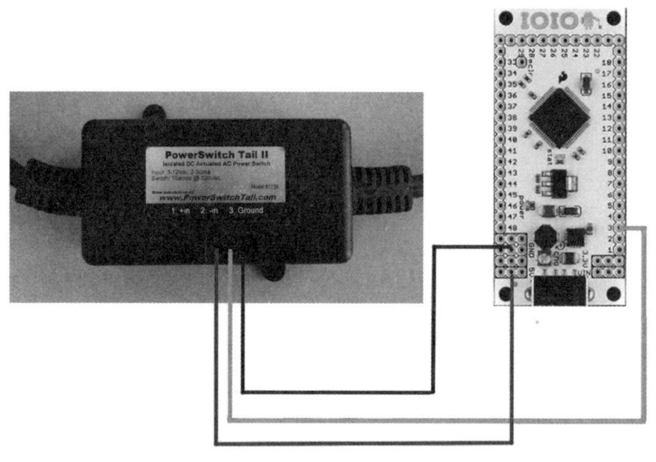

PowerSwitch Tail의 중간(제어) 핀을 IOIO 보드의 3번 디지털 핀과 연결합니다. 이때 0, 1, 2번의 핀을 사용하지 않는 이유는 IOIO 보드의 일부 핀들은 PowerSwitch Tail을 구동하는 데 필요한 5v 신호를 출력할 능력이 없기 때문입니다. 5v를 출력할 수 없는 핀에서 억지로 신호를 출력하려는 시도는 IOIO 보드를 망가뜨릴 수 있습니다. IOIO 보드에 대한 정보[10]를 찾아보거나 IOIO 보드를 뒤집어 보면 하얀색 원이 둘러쳐져 있는 핀을 발견할 수 있습니다. 이 원이 쳐진 핀은 5v 출력이 가능하다는 뜻입니다. 배선을 마친 IOIO 보드는 그림 39 'IOIO 보드 배선'과 같아야 합니다.

마지막으로, PowerSwitch Tail의 양극 핀에서 IOIO 보드의 5v 핀(보드의 왼쪽 구석에 있는 총 3개의 핀 중에서 무작위로 한 개를 선택해서 연결하면 됩니다)을 연결하면 회로는 완성됩니다.

이 시점에서 PowerSwitch Tail을 제어하는 3번 핀을 켜고 끄는 프로그램을 작성하기 전까지는 아무런 일도 일어나지 않을 것입니다. 이제 3번 핀

그림 39 IOIO 보드 배선

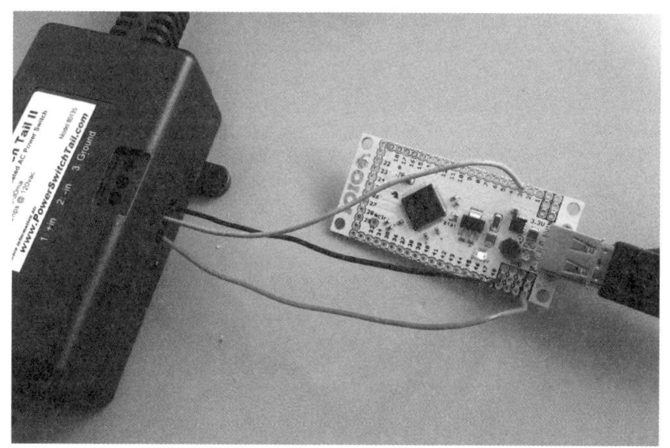

---

[10]　https://github.com/ytai/ioio/wiki

을 제어하는 온 스크린 토글스위치를 가진 단순한 안드로이드 프로그램을
작성합니다.

9.3 안드로이드 문단속 장치 제어

안드로이드 스마트폰을 위한 서버를 구축하기 전에, 2절에서 제작한 회로
를 점검할 시험 프로그램을 작성해야 합니다.

안드로이드 SDK와 이클립스 IDE를 위한 플러그인들을 안드로이드 개
발 툴과 함께 설치했는지 확인합니다. SDK와 IDE를 설정하지 않았다
면 7장 「웹과 연결된 전원 스위치」를 참조하세요. 그리고 스파크펀 IOIO
튜토리얼 웹 페이지에서 HelloIOIO 데모 프로젝트[11]를 다운로드합니다.
HelloIOIO 프로젝트는 IOIO의 온 보드 LED를 켜고 끄는 간단한 애플리케
이션입니다. 여기서 이 간단한 애플리케이션의 main.xml 레이아웃 파일에
ToggleButton을 정의하는 약간의 수정을 가합니다. 그리고 MainActivity.
java 파일에 4줄의 코드를 추가해서 IOIO 보드에서 디지털 3번 핀에 작용
하는 ToggleButton의 역할을 정의합니다.

File →Import→Existing Projects 옵션을 통해서 스파크펀의 HelloIOIO
프로젝트를 이클립스 IDE로 가져옵니다. 만일 필요하다면 이미 수정된
HelloIOIO-PTS 프로젝트를 이 책의 코드 다운로드 페이지에서 가져와서
사용할 수도 있습니다.

IOIO 보드 프로젝트는 IOIOLib 커스텀 라이브러리에 의존하기 때문
에, 모든 IOIO 프로젝트는 항상 IOIOLib 라이브러리를 추가해야 합니다.
IOIOLib 라이브러리를 추가하는 과정은 아래와 같습니다.

11　http://www.sparkfun.com/tutorials/280

1. IOIOLib 묶음을 이클립스 IDE로 File→Import→Existing Projects 옵션을 사용하여서 가져옵니다.

2. 이클립스 패키지 탐색기의 작업대의 HelloIOIO 프로젝트를 선택합니다.

3. 이클립스의 Project 메뉴에서 Properties 옵션을 선택합니다.

4. Properties dialog box 의 왼쪽 칸의 선택지 중 Android를 선택합니다.

5. Add... 버튼을 클릭합니다. 그러면 IOIOLib 프로젝트들의 목록을 담은 프로젝트를 선택하는 알림 상자가 뜰 것입니다. IOIOLib 항목을 선택하고, OK 버튼을 누릅니다.

IOIOLib를 제대로 가져왔다면, Properties 알림 상자에서의 Library 항목의 IOIOLib 라이브러리에 그림 40 '성공적으로 참조된 IOIOLib 라이브러리'와 같이 초록색 체크 표시가 떠야 합니다.

IOIOLib가 참조되었으니, HelloIOIO 프로젝트의 /res/layout/main.xml 파일을 수정합니다. IOIO의 온 보드 LED를 켜고 끄는 ToggleButton을 포함하고 있는 TextView를 복사해서 또 다른 ToggleButton 오브젝트를 생성해 냅니다. 그리고 본래의 TextView 항목 바로 옆에 붙여넣기를 합니다. 그 다음, ToggleButton의 android/id 값을 android:id="@+id/powertailbutton".로 변경합니다. 이는 수정된 MainActivity 클래스에서 접근할 참조 명입니다. 최종적으로 수정된 main.xml 파일은 아래와 같아야 합니다.

```
<?xml version="1.0" encoding="utf-8"?>
<LinearLayout xmlns:android="http://schemas.android.com/apk/
res/android"
android:orientation="vertical"
android:layout_width="fill_parent"
android:layout_height="fill_parent">
<TextView
android:layout_width="fill_parent"
android:layout_height="wrap_content"
android:text="@string/txtLED"
android:id="@+id/title"/>
```

```
<ToggleButton android:text="ToggleButton"
android:layout_width="wrap_content"
android:layout_height="wrap_content"
android:id="@+id/button">
</ToggleButton>
<TextView
android:layout_width="fill_parent"
android:layout_height="wrap_content"
android:text="@string/txtPowerTail"
android:id="@+id/title"/>
<ToggleButton android:text="ToggleButton"
android:layout_width="wrap_content"
android:layout_height="wrap_content"
android:id="@+id/powertailbutton">
</ToggleButton>
</LinearLayout>
```

그림 40 성공적으로 참조된 IOIOLib 라이브러리

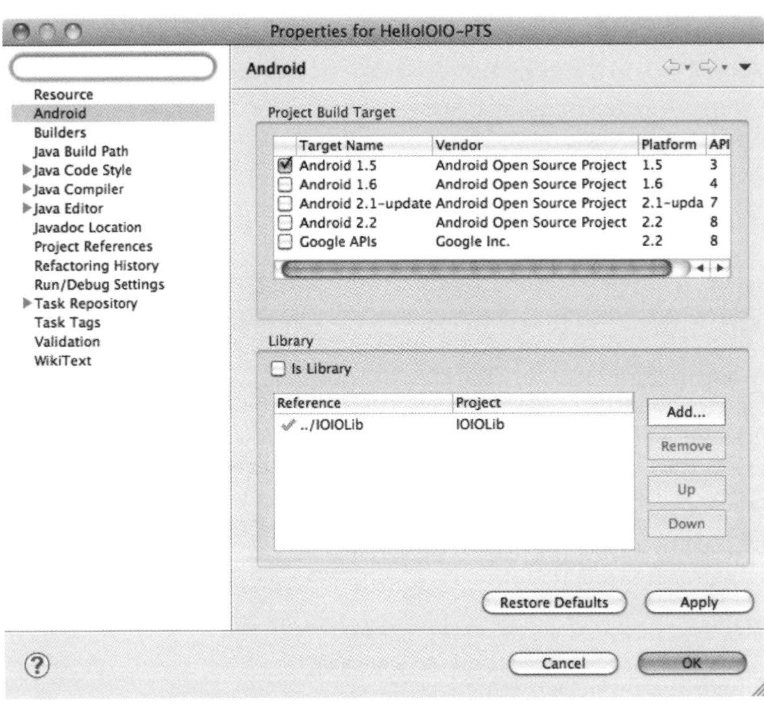

PowerSwitch Tail로 가는 신호를 *끄고 켜는* 두 번째 토글 버튼을 위한 코드를 MainActivity 클래스에 추가합니다. 제일 처음에 추가할 줄은 powertailbutton_ = (ToggleButton) findViewById(R.id.powertailbutton); 입니다. 이 줄은 powertailbutton_ 객체와 main.xml 파일에서 정의된 powertailbutton 토글 버튼을 연동시킵니다.

PowerSwitch Tail에 추가한 유저 인터페이스인 토글 버튼으로, 객체 레퍼런스를 /src/ioio/examples/hello/pts/MainActivity.java 파일에 있는 MainActivity 클래스에 추가할 수 있습니다.

```java
private ToggleButton button_;
private ToggleButton powertailbutton_;
```

MainActivity OnCreate 메서드에서 powertailbutton_ 오브젝트를 아래와 같이 초기화합니다.

```java
@Override
public void onCreate(Bundle savedInstanceState)  {
    super.onCreate(savedInstanceState);
    setContentView(R.layout.main);
    button_ = (ToggleButton) findViewById(R.id.button);
    powertailbutton_ = (ToggleButton) findViewById(R.
id.powertailbutton);
```

이제 애플리케이션 윈도를 생성해 냈을 때, PowerSwitch Tail의 토글 버튼은 MainActivity 클래스를 통해서 접근할 수 있습니다. 이제 남은 작업은, powertailbutton_ 토글 버튼의 온/오프 액션에 대응할 코드입니다.

```java
class IOIOThread extends AbstractIOIOActivity.IOIOThread  {
        /** 온 보드 LED. */
        private DigitalOutput led_;
        private DigitalOutput powertail_;
        /**
        * IOIO와의 연결이 생성될 때마다 매번 호출된다.
        * 핀을 개방하기 위해서 사용된다.
        **
        @throws ConnectionLostException
        * IOIO와의 연결이 끊어지면 throw를 호출한다.
        * @참조: ioio.lib.util.AbstractIOIOActivity.IOIOThread#setup()
```

```java
*/
@Override
protected void setup() throws ConnectionLostException  {
        led_ = ioio_.openDigitalOutput(0, true);
        powertail_ = ioio_.openDigitalOutput(3,true);
 }
/**
* IOIO가 연결된 상태에서 주기적으로 호출된다.
**@throws ConnectionLostException
* IOIO와의 연결이 끊어지면 throw를 호출한다.
**
@참조: ioio.lib.util.AbstractIOIOActivity.IOIOThread#loop()
*/
@Override
protected void loop() throws ConnectionLostException  {
        led_.write(!button_.isChecked());
        powertail_.write(!powertailbutton_.isChecked());
        try {
                        sleep(10);
                } catch (InterruptedException e)  {
                }
        }
}
```

① DigitalOutput powertail_ 오브젝트를 초기 설정힌다.

② powertail_ 오브젝트를 IOIO 보드의 디지털 3번 핀 출력으로 지정한
다.

③ PowerSwitch Tail을 위한 온 스크린 토글 버튼이 켜지거나 꺼질 때
IOIO 보드의 디지털 3번 핀 출력을 켜거나 끈다. (신호를 크게 하거
나 작게 한다.)

PowerSwitch Tail 토글 버튼이 켜지면, powertailbutton_으로 디지털 3
번 핀에서 5v 신호를 보내도록 합니다. 이렇게 하면 PowerSwitch Tail의 릴
레이를 작동시켜서 12v 전원 어댑터에 전류를 공급해 주고, 그 결과 잠금
장치에 전류가 공급되고, 잠금이 해제됩니다.

작업한 파일을 저장하고, 안드로이드 애플리케이션을 컴파일합니다. 그
렇게 수정된 HelloIOIO 프로그램을 안드로이드 스마트폰에 설치합니다.

문단속 장치 하드웨어가 제대로 배선되었고 전원이 들어오는지를 확인합니다. 그 다음에 스마트폰과 IOIO 보드를 USB케이블로 연결하고 수정된 HelloIOIO 프로그램을 실행시킵니다.

만일 아무런 일이 일어나지 않는다면 스마트폰의 USB 디버깅 옵션이 켜져 있는지를 확인합니다. 또한, 배선에 문제가 없는지 확인을 합니다. 만일 멀티미터나 오실로스코프를 가지고 있다면 PowerSwitch Tail 토글스위치가 켜져 있을 때 IOIO 보드의 디지털 3번 핀에서 5v가 제대로 출력되는지 확인합니다. 만일, 출력이 5v 이하라면, PowerSwitch Tail을 작동시킬 만큼의 출력이 되지 않기에 전자식 잠금장치를 해제할 수 없습니다.

하드웨어가 제대로 작동하는 것을 확인하였으니, 잠금장치에 네트워크 기능을 추가하여 웹 서버에 URL을 요청하였을 때 잠금을 해제할 수 있도록 합니다.

9.4 안드로이드 서버 구축

문단속 장치의 서버를 구축할 차례입니다. 요청들을 처리할 파이썬 스크립트를 개인 컴퓨터에 의존해서 운영하기보다는, 안드로이드 스마트폰 자체의 처리 능력을 사용할 것입니다. 구형 안드로이드 스마트폰도 안드로이드 운영체제가 발표되기 몇년 전의 데스크톱 컴퓨터보다 연산력이 뛰어납니다.

그 외에도 안드로이드 스마트폰을 서버로 활용하는 것은 아래와 같은 이점이 있습니다.

- 안드로이드 스마트폰의 전력 요구량은 데스크톱 컴퓨터보다 훨씬 적기에 환경친화적입니다.
- 스마트폰 자체적으로 온 보드 Wi-Fi 칩셋이 내장되어 있기에, 가정 내의 무선 네트워크가 닿는 곳이라면 어디든지 배치할 수가 있습니다.
- 스마트폰 내에 카메라가 내장되어 있기에 표준 SDK를 사용하여서 사진

촬영을 할 수 있습니다.

- 스마트폰에는 블루투스나 음성 인식 기능이 들어있어서 '말하는 집' 프로젝트에서 사용할 수 있습니다.

스마트폰 기반의 웹 서버 애플리케이션은 아래와 같은 기능들을 수행해야 합니다.

1. 웹 서버 표준에 맞춰야 하고, 특정 URL을 요구하는 요청에 대응할 수 있어야 합니다.
2. URL이 요청되면 IOIO 보드의 디지털 3번 핀으로 5초 동안 전원을 공급하도록 신호를 보냅니다. 이는 전자식 잠금쇠를 해제하여 출입할 수 있게 합니다.
3. 5초가 지난 후에 웹 서버 호스트 기기에 내장된 카메라가 출입자의 사진을 찍도록 합니다.
4. 지정된 수신인에게 촬영된 사진을 이메일로 송신합니다.
5. 대기 상태로 돌아가서 다른 요청을 기다립니다.

웹 서버를 구축하기 위해서 구글 코드에서 사용 가능한 오픈 소스 GNU GPLv3 안드로이드 웹 서버 프로젝트[12]에서 코드 일부를 빌려서 사용하도록 하겠습니다. 또한, 존 사이먼Jon Simon이 작성한 안드로이드 Intent 객체를 사용하지 않고도 사진을 첨부한 이메일을 송신할 수 있는 안드로이드 애플리케이션 코드[13]를 사용하겠습니다.

대부분의 Intent가 사용자와의 상호 작용에 의존하기 때문에, 이 프로젝트에서 구축하려고 하는 자율적으로 가동되는 웹 서버에 적용하기에는 적합하지 않습니다. 앞서 언급한 두 프로젝트와 IOIO 코드의 조합은 프로

---

12   http://code.google.com/p/android-webserver/

13   http://www.jondev.net/articles/Sending_Emails_without_User_Intervention_%28no_
     Intents%29_in_Android

안드로이드 개발자 문서에 따르면, Intent는 "시행할 작업에 대한 추상적인 묘사"로 정의됩니다(http://developer.android.com/reference/android/content/Intent.html). 간단히 말하자면, Intent는 안드로이드 작업과 서비스 사이에 메시지를 보내고 받는데 사용되는 객체를 의미합니다. Intent는 Intent를 생성한 애플리케이션으로도 메시지를 보낼 수 있습니다. Intent는 주로 다른 애플리케이션으로 메시지를 보내는데 사용됩니다. 예를 들어서, 웹 브라우저가 음악 파일을 다른 애플리케이션(음악 재생기)에 다운받도록 하는 작업 등이 이에 해당합니다.

여러 개의 애플리케이션이 Intent 메시지를 받기로 등록이 되어있다면, 어떤 애플리케이션에 메시지를 보낼지 팝업 상자가 뜰 것입니다. 안드로이드 기기를 사용하는 데에 익숙하다면, 이러한 팝업 상자를 자주 보았을 것입니다. 이러한 팝업들이 사용자를 거슬리게 하지 않기 위해서 안드로이드는 사용자로 하여금 기본 애플리케이션을 선택하도록 하여 팝업을 띄우지 않을 수 있는 옵션을 제공합니다.

Intent가 사용자와의 상호 작용을 요구하기 때문에, Intent는 이메일을 보내는 등의 자율적인 작업에는 적합하지 않습니다. 이메일 애플리케이션이 Intent 메시지를 받을 때, 사용자와의 상호 작용을 요구하는 상황이 일어날 수도 있기 때문입니다. (메시지를 보내기 위해서 사용자가 기본으로 설정된 송신 프로그램에서 '송신' 버튼을 눌러야 메일을 보낼 수 있기 때문입니다)

그램으로 하여금 잠금 해제 요청을 기다리도록 하고 잠금 해제 요청에 반응하도록 합니다. 최종적으로, 크리슈나라즈 바르마[Krishnaraj Varma]가 작성한 카메라 샘플 코드[14]에 따라 사진을 촬영하고 안드로이드의 SD 카드에 저장합니다. 이렇게 저장된 사진은 이메일에 첨부되어서 송신됩니다. 다만, 프로그램을 작성하기 전에 안드로이드 스마트폰의 IP 주소에 확실하게 접근할 방법이 필요합니다.

---

[14] http://code.google.com/p/krvarma-android-samples/

고정 IP 주소 설정

스마트폰의 Wi-Fi IP 주소를 유동에서 고정으로 변경하면, 가정 내의 무선 네트워크상에서 스마트폰을 찾아내는 것이 더 손쉬워질 것입니다. 무선 공유기에 고정 IP를 아직 생성하지 않았다면 지정하거나 200보다 더 큰 값으로 IP주소를 설정하세요. 200보다 더 큰 값으로 설정하는 이유는 무선 공유기의 DHCP 서버에 기기들이 200개 이상의 IP 주소를 요청하는 일이 일어나지 않을 것이기 때문입니다.

안드로이드 스마트폰에서 '환경 설정' 아이콘을 눌러서 설정 메뉴로 들어갈 수 있습니다. 환경 설정 메뉴에서 '무선 및 네트워크' 메뉴로 들어가고, 'Wi-Fi 설정' 항목으로 들어간 뒤에, 안드로이드 스마트폰의 메뉴 버튼을 눌러서 '검색'과 '고급 설정' 팝업 메뉴를 엽니다. '고급 설정'을 선택해서 들어갑니다. 고급 설정 내부에서 네트워크 설정을 수동으로 변경할 수 있습니다. 그림 41 '안드로이드 기기가 고정 IP를 사용하도록 설정하기'와 같이 Wi-Fi 설정의 IP, 서브넷, 게이트웨이 주소를 설정하기 위해서 '고정 IP 사용' 체크 항목을 활성화시킵니다. 무선 공유기의 네트워크 상황에 따라 해당 항목들을 설정합니다. 예를 들어, 사용하고 있는 무선 공유기가 지원하는 IP 대역이 192.168.1.2부터 시작한다면 아래와 같이 설정하면 됩니다.

- IP 주소: 192.168.1.230
- 게이트웨이: 192.168.1.1
- 넷마스크: 255.255.255.0

DNS1과 DNS2 값은 원하는 값을 사용하면 됩니다. (제 경우에는 구글의 공용 DNS 주소를 사용하였습니다.) 다만, 네트워크에 사용하는 다른 기기들과 같은 도메인 명을 사용하는 것이 네트워크의 일관성을 유지하는 데 좋습니다. 고정 IP 설정 값들을 모두 입력한 뒤에 안드로이드 기기에 달린 하드웨어 메뉴 버튼을 눌러서 '저장' 버튼을 띄워서 저장합니다.

네트워크에 연결된 다른 컴퓨터를 사용해서 스마트폰의 고정 IP 주소로 핑을 날려봅니다. 고정 IP 설정이 성공적으로 되었다면 정상적인 결과 값이 돌아옵니다. 만일 그렇지 않다면, 설정들을 확인하고 저장이 되었는지 확인합니다. 고정 IP 주소를 설정하였으니 이제 안드로이드 웹 서버 코드를 작성하고 시험할 단계입니다.

안드로이드 웹 서버 제작

안드로이드는 수정된 자바 가상머신을 기반으로 작동하며, 수많은 자바 라이브러리를 제공합니다. 덕분에 단지 몇 줄의 코드만으로도 간단한 웹 서버를 구축하고 구동할 수 있습니다.

그림 41 안드로이드 기기가 고정 IP를 사용하도록 설정하기

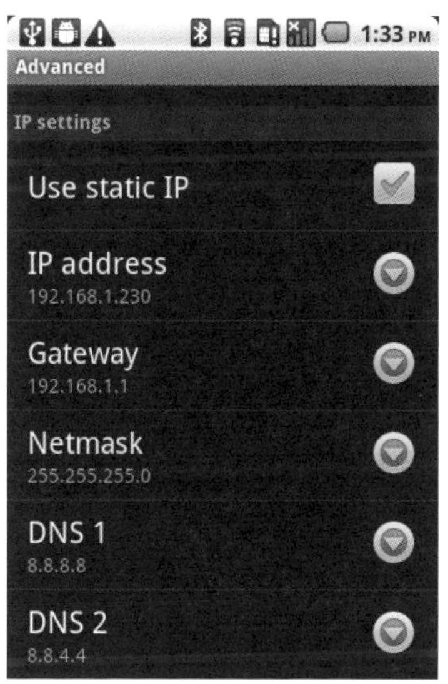

프로그램을 구동하는 데 사용되는 수십 개의 파일을 일일이 이 책에서 다루는 대신에 이 책의 웹사이트를 방문해서 DoorLockServer.zip 파일을 다운로드합니다. 압축을 푼 다음에 file→Import 메뉴로 들어가서 프로젝트를 이클립스로 가져옵니다. 파일의 내용물을 살펴보면, AndroidDoorLockServerActivity.java라는 파일을 발견할 수 있습니다. 스마트폰에서의 서버 기동을 위해 Wi-Fi IP 주소, 포트 번호, 메시지 핸들러를 사용하는 private void startServer(int port) 메서드에서 아래 두 줄의 코드를 찾아봅니다.

```
server = new Server(ipAddress,port,mHandler);
server.start();
```

이 명령어는 ServerSocket 레퍼런스를 참조하며, 안드로이드에 할당된 고정 IP 주소의 포트 80으로 오는 요청을 기다리게 합니다. 물론, UI를 통해 서버를 시작 및 중단하는 기능, 서버를 서비스로 만들어 애플리케이션을 백그라운드로 기동시키도록 하거나 스마트폰이 절전 상태로 들어가지 못하도록 막고, 요청/에러에 대해 처리를 할 수 있도록 해야 합니다.

이제 우리가 웹서버를 안드로이드 기기에서 구동하기 위한 최소한의 기준을 만족했으므로, 다음은 이것을 9.3절 '안드로이드로 문단속 장치 제어'에서 활성화했던 IOIO 보드의 기능과 연동시킬 차례입니다.

웹서버 + IOIO 보드

이제부터 재미있는 작업을 할 수 있습니다. 9.3절 '안드로이드로 문단속 장치 제어'에서 만들었던 IOIO 테스트 애플리케이션을 마지막 절에서 다루는 웹서버와 연동시킴으로써 HTTP 요청에 따라 IOIO 보드의 3번 핀을 활성화할 수 있습니다. 이는 PowerSwitch Tail이 전류를 전자식 잠금장치로 흐르게 합니다. 따라서 IOIO 보드의 활성화 루틴을 HTTP 요청에 대해 서버가 반응하는 부분에 이식해야 합니다. 예를 들면, http://192.168.1.230과 같은 URL을 호출함으로써 문의 잠금장치를 작동시키고 출입할 수 있게 할 수 있습니다.

디지털 핀 3번이 항상 켜진 상태가 돼서 문이 계속 열려있는 상태로 있길 원하지 않는다면 일정 시간 경과 후에는 전원을 차단하도록 설정해야 합니다. 5초 정도의 시간이면 테스트하는 데 충분한 시간일 듯합니다. 안드로이드의 Thread.sleep() 함수를 호출해 프로그램의 실행을 지정된 시간 동안 일시 중지되도록 합니다. 숙련된 안드로이드 애플리케이션 개발자들은 이 방식이 일정 시간 동안 유저 인터페이스가 응답할 수 없으므로 좋은 방법이 아니라는 걸 알고 있습니다. 하지만 안드로이드 기기가 클라이언트가 아닌 서버로서 사용될 것이므로 이 프로젝트에서는 프로그램에서의 유저 인터페이스 작동에 대해 크게 신경 쓸 필요가 없습니다. 제 경우에는 지연 시간을 5초로 설정했지만(Thread.sleep(5000)), 이 값을 원하는 대로 바꾸어도 좋습니다.

DoorLockServer.zip 파일의 코드를 참조합니다. 프로젝트를 이클립스로 열어서 AndroidDoorLockServerActivity 클래스에 주목합니다. PowerSwitch Tail에 5초간 전원을 공급하는 부분에서의 try 구문의 사용법과 camerasurface.startTakePicture()이 안드로이드에 내장된 카메라를 사용하여 사진 촬영 루틴을 호출하는 부분을 자세히 살펴봅니다.

```java
@Override
protected void loop() throws ConnectionLostException {
    if (mToggleButton.isChecked()) {
    if (LockStatus.getInstance().getLockStatus()) {
            try {
                    powertail_.write(false);
                    // 잠금을 해제하기 위해 5초간 멈춘다
                    sleep(5000);
                    powertail_.write(true);
                    LockStatus.getInstance().
setMyVar(false);
                    // 사진을 촬영하고, 이를 이메일로 첨부하여 전송한다
                    camerasurface.startTakePicture();
            } catch (InterruptedException e) {
            }
```

```
      }else {
          try {
                  sleep(10);
          } catch (InterruptedException e)  {
          }
  } else {
          powertail_.write(true);
  }
}
```

DoorLockServer 프로젝트를 컴파일한 후에 안드로이드 기기에서 실행시켜 봅니다. 웹서버를 안드로이드 기기에서 실행시킵니다. IOIO 보드와 안드로이드 기기가 확실히 연결이 되어 있고, 보드와 PowerSwitch Tail이 확실하게 서로 연결되어 있는지 확인합니다. 그 후에, 같은 로컬 네트워크에 접속이 가능한 웹 브라우저를 통해 웹서버의 IP 주소에 접속하도록 합니다. 모든 게 계획대로라면, 전자식 잠금장치는 몇 초간 잠금이 해제된 후 다시 잠기게 됩니다.

이제 이 프로젝트의 2/3만큼을 진행했습니다. 마지막 구성요소는 대부분의 안드로이드 기기가 내장 카메라를 가지고 있다(최소한 안드로이드 스마트폰에서)는 이점을 활용하는 것입니다. 잠금 해제 요청 이후 일정 시간이 흐르면 문 부근의 사진을 찍어, 지정된 수신자에게 사진이 첨부된 이메일을 보내도록 합니다. 이 방법을 통해 잠금 해제 요청이 언제 일어났는지 뿐만 아니라 누가 특정 시간에 출입하였는지 알 수 있습니다.

사진 촬영

프로젝트 진행을 위해, DoorLockServer 폴더의 CameraSurface.java 파일을 확인합니다. 카메라의 사용과 사진을 촬영하기 위해 사용되는 핵심 함수들은 안드로이드 SDK에 잘 정리되어 있으며, 수백 개의 안드로이드 사진 촬영 관련 코드 문서와 튜토리얼들은 인터넷에서 손쉽게 구할 수 있습니다. 웹서버의 사진 촬영 부분은 안드로이드 개발자 크리슈나라즈 바르

마의 카메라 샘플 코드를 기반으로 하였습니다.

카메라를 안드로이드 애플리케이션으로 사용할 수 있도록 하기 위해서
는 여러 개의 안드로이드 네임스페이스를 불러와야 합니다. 그렇게 하려
면 화면 표시를 위한 추가적인 작업을 수행할 필요가 있습니다. 프로그램
의 이미지 캡처 부분에서 사용되는 핵심 라이브러리들은 DoorLockServer.
zip 파일에 아래와 같이 포함되어 있습니다.

```
import android.content.Context;
import android.hardware.Camera;
import android.hardware.Camera.AutoFocusCallback;
import android.hardware.Camera.PictureCallback;
import android.hardware.Camera.ShutterCallback;
import android.util.AttributeSet;
import android.view.GestureDetector;
import android.view.MotionEvent;
import android.view.SurfaceHolder;
import android.view.SurfaceView;
import android.view.GestureDetector.OnGestureListener;
```

카메라 하드웨어에 접근하는 것 뿐만 아니라 추가로 스마트폰에 카메라
가 캡처할 이미지의 미리보기를 만들어야 합니다. 먼저 카메라 프레임과
서페이스 변수를 설정해야 합니다.

```
private FrameLayout cameraholder = null;
private CameraSurface camerasurface = null;
```

이 변수들은 서페이스와 프레임 객체 할당에 다음과 같이 쓰입니다.

```
camerasurface = new CameraSurface(this);
cameraholder.addView(camerasurface, new
LayoutParams(LayoutParams.FILL_PARENT, LayoutParams.FILL_
PARENT));
```

크리슈나라즈는 특정 작업 전에 작업이 끝나기를 기다리도록 콜백 함수
를 사용합니다. 자동으로 초점이 맞춰지기를 기다리거나 셔터가 닫히기를
기다리거나 이미지 데이터가 성공적으로 SD 카드에 저장될 때까지 기다
릴 때 이러한 기법이 주로 사용됩니다. 콜백 함수의 사용은 이러한 사건들

이 특정 작업이 끝나기 전까지 시작하지 않고 일련의 순서대로 작동하도
록 보장해 줍니다.

```java
public void startTakePicture() {
    camera.autoFocus(new AutoFocusCallback()  {
            @Override
            public void onAutoFocus(boolean success, Camera camera)  {
                    takePicture();
            }
    });
}

public void takePicture()  {
    camera.takePicture(new ShutterCallback()  {
            @Override
            public void onShutter() {
                    if(null != callback) callback.onShutter();
            }
    }, new PictureCallback()  {
            @Override
            public void onPictureTaken(byte[] data, Camera camera) {
                    if(null != callback) callback.
                    onRawPictureTaken(data, camera);
            }
    }, new PictureCallback()  {
            @Override
            public void onPictureTaken(byte[] data, Camera camera) {
                    if(null != callback) callback.
                    onJpegPictureTaken(data, camera);
            }
    });
}
```

onJpegPictureTaken 이벤트에서 데이터를 SD 카드에 작성합니다. 이 이
미지 파일이 SD 카드에 저장되지 않고 이메일에 첨부되어 보내질 예정이
기 때문에 이미지 데이터는 사진이 찍힐 때마다 같은 파일명으로 저장됩
니다.

```java
FileOutputStream outStream = new FileOutputStream(String.
format(
"/sdcard/capture.jpg"));

outStream.write(data);
outStream.close();
```

같은 파일 이름이 아니라 각각 촬영된 이미지를 SD 카드에 보존하는 걸 원한다면 크리슈나라즈의 오리지널 카메라 캡처 코드를 참조하여 파일명에 날짜를 표기하여 저장할 수 있습니다.

```
FileOutputStream outStream = new FileOutputStream(String.
format(
"/sdcard/%d.jpg", System.currentTimeMillis()));
```

하지만 SD 카드의 저장용량이 크거나 이미지 데이터가 스마트폰과 이메일 수신함에 중복저장 되는 걸 신경 쓰지 않는 것이 아니라면 이러한 방식은 추천하지 않습니다. 만약 이러한 방식의 파일 명명법을 사용한다면 이메일에 이미지를 첨부하기 위해 날짜가 들어간 해당 이미지의 파일명 또한 기억하게 해야 합니다. 이제 어떻게 이미지 데이터를 이메일에 첨부하여 송신하는지를 알아봅시다.

메시지 송신하기

사진을 찍어서 이미지를 안드로이드의 SD 카드에 저장하였으므로 유저 인터페이스와의 상호작용 없이도 이미지가 첨부된 이메일을 송신할 수 있는 루틴이 필요합니다. 다행히도 안드로이드에 최적화된 존 사이먼의 JavaMail 라이브러리를 이 프로젝트에서 사용할 수 있습니다. 안드로이드 용 JavaMail 의존성 jar 파일[15]들을 참조해 제대로 작동하게 합니다. 작업을 진행하기 위해, JavaMail 클래스에서 사용되는 자바 라이브러리들을 불러들여야 합니다.

```
import java.util.Date;
import java.util.Properties;
import javax.activation.CommandMap;
import javax.activation.DataHandler;
import javax.activation.DataSource;
```

---

15   http://code.google.com/p/javamail-android

```java
import javax.activation.FileDataSource;
import javax.activation.MailcapCommandMap;
import javax.mail.BodyPart;
import javax.mail.Multipart;
import javax.mail.PasswordAuthentication;
import javax.mail.Session;
import javax.mail.Transport;
import javax.mail.internet.InternetAddress;
import javax.mail.internet.MimeBodyPart;
import javax.mail.internet.MimeMessage;
import javax.mail.internet.MimeMultipart;
```

public Mail(String user, String pass)와 public void addAttachment(String filename) 메서드는 캡처한 이미지 파일을 지정한 수신자에게 쉽게 송신하도록 합니다. AndroidDoorLockServerActivity.java 파일의 onJpegPictureTaken()에서의 유저네임, 비밀번호, 수신자, 첨부 파일 인자들이 모두 정의되었다면 메시지를 보내는 작업은 간단합니다.

```java
try {
    GMailSender mail = new GMailSender("YOUR_GMAIL_ADDRESS@gmail.com",
    "YOUR_GMAIL_PASSWORD");
    mail.addAttachment(Environment.getExternalStorageDirectory()
    "/capture.jpg");                        +
    String[] toArr =  {"EMAIL_RECIPIENT_ADDRESS@gmail.
    mail.setTo(toArr);                                  com"};
    mail.setFrom("YOUR_GMAIL_ADDRESS@gmail.com");
    mail.setSubject("Image capture");
    mail.setBody("Image captured - see attachment");
    if(mail.send())  {
            Toast.makeText(AndroidDoorLockServerActivity.
            "Email was sent successfully.",              this,
            Toast.LENGTH_LONG).show();
    } else {
            Toast.makeText(AndroidDoorLockServerActivity.
            "Email was not sent.",                       this,
            Toast.LENGTH_LONG).show();
    }
} catch (Exception e)  {
    Log.e("SendMail", e.getMessage(), e);
}
```

YOUR_GMAIL_ADDRESS@gmail.com, YOUR_GMAIL_PASSWORD, EMAIL_RECIPIENT_ADDRESS@gmail.com을 각각 지메일 이메일 계정, 비

밀번호, 수신자의 이메일 계정으로 바꾸어 놓습니다. 지메일 계정이 아닌 다른 계정을 사용해도 괜찮습니다.

이메일을 전송하기 위한 과정으로, 미리 해야 할 작업이 있습니다. 안드로이드 기기에서 사용자가 관여하지 않는 상태에서도 이메일을 보내기 위한 과정과 의존성에 대해 이해를 하기 위해서 다운로드한 코드를 확인해 보세요.

하드웨어 권한 설정

이제 거의 다 끝났습니다. 네 개의 안드로이드 프로그램을 하나로 합쳐서, HTTP 요청을 수신할 수 있고, 전자식 잠금장치를 IOIO 기판을 통해 해제하고, 안드로이드 기기에 내장된 카메라로 사진을 촬영한 뒤에 이를 이메일에 첨부해 송신하게 하였습니다.

사진 촬영과 이메일 송신을 관장하는 코드가 있으므로 이제 해야 할 일은 프로그램이 카메라, Wi-Fi, 인터넷을 사용할 수 있도록 하는 것입니다. AndroidManifest.xml 파일에 인터넷과 와이파이, 카메라, SD 카드를 사용할 수 있게 해주는 권한을 언급해야 합니다.

```xml
<?xml version="1.0" encoding="utf-8"?>
<manifest xmlns:android="http://schemas.android.com/apk/res/
android"
package="com.mysampleapp.androiddoorlockserver"
android:versionCode="1"
android:versionName="1.0">
<uses-sdk android:minSdkVersion="3" />
<uses-permission android:name="android.permission."></uses-
permission>
<uses-permission android:name="android.permission.ACCESS_
WIFI_STATE">
</uses-permission>
<uses-permission android:name="android.permission.INTERNET">
</uses-permission>
<uses-permission android:name="android.permission.WAKE_LOCK" />
<uses-feature android:name="android.hardware.camera" />
<uses-feature android:name="android.hardware.camera.
autofocus"/>
```

```xml
<uses-permission android:name="android.permission.CAMERA"/>
<uses-permission android:name="android.permission.VIBRATE"/>
<uses-permission
android:name="android.permission.WRITE_EXTERNAL_STORAGE" />
<application android:icon="@drawable/icon"
android:label="@string/app_name">
<activity android:name=".AndroidDoorLockServerActivity"
android:label="@string/app_name"
android:screenOrientation="landscape">
<intent-filter>
<action android:name="android.intent.action.MAIN" />
<category
android:name="android.intent.category.LAUNCHER" />
</intent-filter>
</activity>
</application>
</manifest>
```

이메일 계정의 사용자명, 비밀번호, 수신자 이메일과 네트워크의 IP 주소를 설정한 이후, Android Door Lock 서버 애플리케이션을 컴파일하고 설치하여 스마트폰에서 구동시킬 수 있습니다.

서버를 테스트해 보자

안드로이드 문단속 장치 서버를 웹 브라우저의 URL을 통해서 접속해 봄으로써 시험해 봅시다. 전자식 잠금장치가 해제된 후, 카메라가 사진을 촬영하여 지정된 이메일 수신자에게 송신하는지 확인하세요. 제대로 작동된다면 서버 가동에 성공한 것입니다. 이 프로젝트에서 사용된 의존성 라이브러리의 개수를 생각하면 정상적으로 작동한다는 사실 자체가 축하할 만한 일입니다. 만약 무언가 잘못되었다면 각각의 함수를 세밀하게 살펴보세요. 웹 서버가 요청에 응답하는지, PowerSwitch Tail에 전력이 공급되었는지, 카메라 셔터가 작동하였는지 여러 기능의 작동을 확인해 봅니다. 인터넷 연결 상태와 스마트폰의 Wi-Fi 속도에 따라 이메일로 사진을 송신하는데 몇 분의 시간이 걸릴 수 있습니다.

이 프로젝트의 대부분을 진행하였고, 여기서 단순히 잠금장치의 URL을 즐겨찾기에 추가하여 사용할 수도 있습니다. 하지만 조금만 더 노력하면 '웹과 연결된 전원 스위치' 프로젝트처럼 잠금장치의 URL로 접속하는 전용 클라이언트를 제작할 수 있습니다. 이렇게 하면 버튼 클릭 한 번으로 잠금장치에 접속할 수 있게 됩니다. 게다가, 클라이언트를 기반으로 한 가정 자동화 프로젝트들을 한 개의 모바일 프로그램으로 제어가 가능한 통합 인터페이스를 제작하는 작업을 진행해 볼 수 있습니다.

9.5 안드로이드 클라이언트 제작

안드로이드 서버로 잠금 해제 명령을 내리는 안드로이드 클라이언트를 제작하는 작업은 간단합니다. '웹과 연결된 전원 스위치' 프로젝트에서 사용했던 안드로이드 클라이언트 애플리케이션의 코드를 재활용하여 사용자가 잠금 해제 기능을 손쉽게 사용할 수 있도록 합니다. 이번 프로젝트에서는 문이 5초 뒤에 다시 자동으로 잠기므로 굳이 토글 기능을 사용할 필요가 없습니다. 따라서 토글스위치 대신 버튼을 사용합니다. 이 애플리케이션에 추가할 다른 기능은 Wi-Fi가 비활성화 상태일 때 Wi-Fi를 켜는 기능입니다.

프로그램의 기본적인 흐름은 다음과 같습니다. 먼저 실행 후 Wi-Fi 사용 가능 여부를 확인합니다. 만약 Wi-Fi가 꺼져 있다면 Wi-Fi를 켜고 클라이언트가 네트워크에 연결되기를 기다립니다. 그리고 사용자가 'Unlock door' 버튼을 누를 수 있도록 허용합니다. 이는 안드로이드 문단속 장치의 서버 URL에 접속하여 잠금을 해제합니다. 잠금 해제 클라이언트를 만들기 위해 구현해야 할 단계는 아래와 같습니다.

1. 이클립스에서 DoorLockClient 안드로이드 프로젝트를 생성합니다.
2. 프로그램의 메인 액티비티에서 Wi-Fi가 켜져 있는지 확인합니다. 만

약 Wi-Fi가 꺼져 있다면 활성화합니다.

3. main.xml 레이아웃에 버튼을 하나 추가하고, 'Unlock door'로 텍스트를 설정합니다.

4. 버튼을 DoorLock 클래스와 연동하고, 버튼을 눌렀을 때 발생하는 이벤트 리스너를 만듭니다. 만일 Wi-Fi가 프로그램이 구동된 이후 켜지기 시작했다면 Wi-Fi가 인증을 마치고 IP 주소를 할당받을 때까지 '잠금 해제' 버튼을 잠깐 비활성화 상태로 만들어 놓습니다.

5. 버튼을 누르는 이벤트에 안드로이드 문단속 장치 서버로의 URL 호출 (예: 192.168.1.230)을 추가합니다.

> **보안 관련 사항**
>
> 문의 잠금을 해제하는 안드로이드 클라이언트 프로그램을 만들어서 얻는 장점은, 잠금장치에 접속할 때의 과정을 드러내지 않음으로써 보안을 유지할 수 있다는 점입니다(비록 보안의 수준은 매우 약하지만). 웹서버에 접속할 때 북마크 URL을 보여주지 않고 일반인들이 이를 보지 못하도록 할 수 있습니다. 하지만 서버로 보내지는 URL이 확연하므로 이는 낮은 수준의 네트워크 보안 방법에 불과합니다. 이번 장의 '다음 단계' 절에서는 이 프로젝트에 더 나은 보안 기법을 추가하는 좋은 방법을 소개합니다. 추가적인 암호문이나 복잡한 다변수의 인증 방식을 추가하는 방법이 문단속 장치 시스템의 장기적인 운영을 위해서 좋습니다.

7.6절 '안드로이드 클라이언트 코드 작성'에서 사용된 방법과 같은 방식으로 시작합니다. 그림 42 '새로운 문단속 장치의 클라이언트 애플리케이션 설정하기'에 나온 것처럼 매개변수를 설정하여 이클립스에서 새로운 안드로이드 프로젝트를 만듭니다.

'unlockbutton'이라는 버튼을 추가하고, 'Unlock door'이라고 텍스트를 입력한 후 버튼의 가로가 상위 컨테이너의 LinearLayout를 채우도록 설정합니다. main.xml 파일은 아래와 같습니다.

```xml
<?xml version="1.0" encoding="utf-8"?>
<LinearLayout xmlns:android="http://schemas.android.com/apk/
res/android"
android:orientation="vertical"
android:layout_width="fill_parent" android:layout_
height="fill_parent">
<Button android:id="@+id/unlockbutton" android:layout_
height="wrap_content"
android:text="Unlock Door" android:layout_width="fill_
parent"></Button>
</LinearLayout>
```

변경사항을 저장하고, DoorLockClient.java 파일을 열어 unlockbutton 요소에 대한 참조변수와 이벤트 리스너를 추가합니다. 또한 Wi-Fi 상태 감지 및 활성화 부분도 추가합니다. DoorLockClinet.java 파일은 아래와 같아집니다.

```java
    package com.mysampleapp.doorlockclient;

①  import java.io.InputStream;
    import java.net.URL;
    import android.net.wifi.WifiManager;
    import android.widget.Button;
    import android.app.Activity;
    import android.os.Bundle;
    import android.util.Log;
    import android.view.View;
    public class DoorLockClient extends Activity  {
        /** Activity가 최초로 생성될 때 호출됨. */
        @Override
        public void onCreate(Bundle savedInstanceState)  {
                super.onCreate(savedInstanceState);
                setContentView(R.layout.main);
②              Button unlockbutton = (Button) findViewById(R.id.unlockbutton);
                findViewById(R.id.unlockbutton).setOnClickListener
                (mClickListenerUnlockButton);
                try {
                        WifiManager wm =
③                      (WifiManager) getSystemService(WIFI_SERVICE);
                        if (!wm.isWifiEnabled())  {
                                unlockbutton.setEnabled(false);
                                wm.setWifiEnabled(true);
                                // Wi-Fi가 켜지고 연결되기까지 17초를 기다린다
                                Thread.sleep(17000);
                                unlockbutton.setEnabled(true);
```

```java
                }
        } catch (Exception e)  {
                Log.e("LightSwitchClient", "Error: " + e.getMessage(), e);
        }
    }
    View.OnClickListener mClickListenerUnlockButton =
            new View.OnClickListener()  {
            public void onClick(View v)  {
                try {
                        final InputStream is =
                        new URL("ht
                        tp://192.168.1.230:8000").
                        openStream();
                } catch (Exception e)  {
                }
            }
    };
}
```

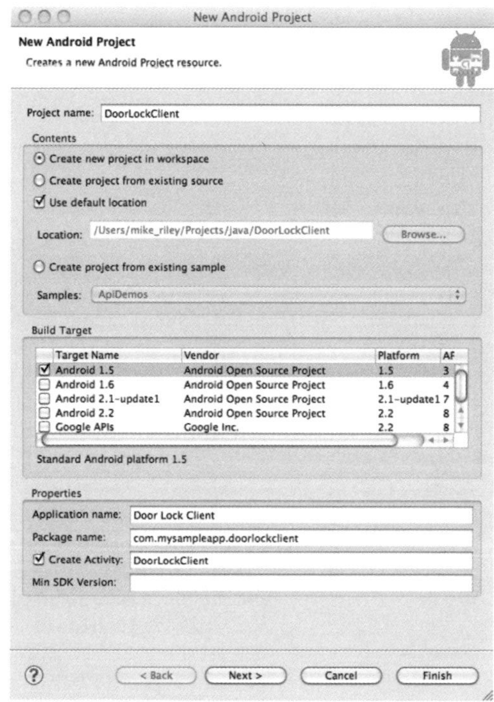

① java.io.InputStream, java.net.URL와 안드로이드 전용 android.widget.Button, android.net.wifi.WifiManager 라이브러리 참조를 추가합니다.

② unlockbutton 참조를 추가하고 이를 mClickListenerUnlockButtonView 메서드에 할당합니다.

③ Wi-Fi 상태를 확인한 후, 활성화가 되어있지 않다면 Wi-Fi를 활성화합니다. 네트워크 연결이 진행될 수 있도록 17초간 unlockbutton 버튼을 비활성화합니다.

④ unlockbutton에 사용할 View.OnClickListener를 만듭니다.

⑤ unlockbutton 버튼이 눌리면 안드로이드 문단속 장치의 서버 주소로 접속합니다.

애플리케이션을 테스트하기 전에 한 가지 더 해야 할 작업이 있습니다. '웹과 연결된 전원 스위치' 프로젝트에서 안드로이드 클라이언트에 네트워크 접속 권한을 주었던 것을 기억할 것입니다. 문단속 장치 클라이언트에도 이와 같은 작업을 해야 합니다. 또한, 이 프로젝트에서는 Wi-Fi에 대한 권한도 설정해 주어야 합니다. 이러한 권한들은 AndroidManifest.xml 파일에 명시되어 있으며, 두 가지 권한 내용을 추가하면 아래와 같습니다.

```
<manifest xmlns:android="http://schemas.android.com/apk/res/
android"
package="com.mysampleapp.doorlockclient"
android:versionCode="1"
android:versionName="1.0">
<uses-permission android:name="android.permission.INTERNET" />
<uses-permission android:name="android.permission.ACCESS_
WIFI_STATE" />
<uses-permission android:name="android.permission.CHANGE_
WIFI_STATE" />
<application android:icon="@drawable/icon" android:label="@
string/app_name">
<activity android:name=".DoorLockClient"
android:label="@string/app_name">
<intent-filter>
```

```
<action android:name="android.intent.action.MAIN" />
<category android:name="android.intent.category.LAUNCHER" />
</intent-filter>
</activity>
</application>
</manifest>
```

프로젝트를 저장하고, 다른 사용 가능한 스마트폰으로 이를 시험해 봅니다. 먼저 Wi-Fi를 미리 켜 놓은 상태에서 이를 시험해 봅니다. 프로그램을 실행한 직후 버튼을 바로 사용할 수 있을 것입니다. 그 다음, 태스크 매니저를 사용해 프로그램을 종료합니다(프로그램을 백그라운드에서 구동시키지 않고 확실하게 종료하기 위해서). 그리고 Wi-Fi를 끈 상태에서 문단속 장치 클라이언트 프로그램을 다시 실행해 봅니다. 이번에는 'Unlock door' 버튼이 프로그램이 Wi-Fi를 작동시키고 인터넷 연결을 기다리는 동안 비활성화될 것입니다. Wi-Fi가 연결이 되면 문단속 장치 서버에 테스트할 수 있게 됩니다.

'Unlock door' 버튼을 눌러봅니다. 1~2초 안에 전자식 잠금장치는 열리며, 5초 이후 다시 잠깁니다. 그렇게 되었다면 제대로 작동한 것입니다. 만일 그렇게 되지 않았다면, 안드로이드 기기가 네트워크에 연결되었는지 확인해 보세요. 또한, 안드로이드 웹 브라우저로 URL 주소를 입력하여 테스트해 봅니다. 만일 URL에 접속할 수 없다면 구동 중인 안드로이드 잠금장치 서버가 앞서 설정한 고정 IP에 할당되어 있는지 확인해 보세요. 홈 네트워크에서 안드로이드 잠금장치 서버로 접속할 수 있는지를 확인하기 위해, URL을 다른 시스템에서도 접속해 봅니다.

9.6 설치 및 시험

안드로이드 클라이언트가 토글 버튼 인터페이스를 통하여 URL 요청을 하게 되었으니, 프로젝트가 거의 완료된 것입니다. 안드로이드 서버의 전원을 넣어서 잠금장치와 사진 촬영 기능을 시험해 봅니다. 스마트폰과 IOIO

보드, PowerSwitch Tail간의 연결이 제대로 되어있는지 주의합니다. 문단속 장치 클라이언트를 실행하고 있는 안드로이드 기기를 사용해서 문단속 장치 서버로 요청을 보내봅니다. 성공적으로 테스트를 진행하기 위해서 안드로이드 클라이언트 기기와 문단속 장치 서버가 같은 Wi-Fi 접속 지점과 연결되어 있어야 한다는 사실을 유의하도록 합니다. 테스트 환경은 그림 43 '안드로이드 문단속 장치 시험'과 비슷할 것입니다.

마지막 과제는 잠금장치를 문에 장착하는 것입니다. 나무를 파내고 벽 뒤에 배선을 매설하는 과정이 익숙지가 않다면, 이는 까다로운 과제가 될 것입니다. 만일 이 프로젝트를 영구적으로 설치할 계획이라면 전문가를 불러서 설치하는 것을 추천합니다. 약간의 비용을 더 들여서 설치하는 것이 안전하고, 잠금장치의 보안성을 보증해 줄 것입니다.

잠금장치를 설치할 때, 안드로이드 스마트폰, IOIO 보드, PowerSwitch Tail을 접근하기 편한 곳에 배치하도록 합니다. 유지 보수나 부품의 교체를 위해서 벽 속에 매설하는 일은 없어야 합니다. 또한, 제대로 절연이 되어있지 않은 상태로 매설하게 된다면, 합선 때문에 불이 날 가능성이 있습니다. 철물점 등에서 플라스틱 상자를 구매해서 하드웨어를 보관하기를 추천합니다. 플라스틱 상자의 크기는 하드웨어들을 모두 수납하고, 다음에 추가할 수도 있는 하드웨어를 고려한 넉넉한 크기이어야 합니다. 안전하게 배선을 하는 방법을 항상 연습해 둡니다. 저는 회로가 완성되면, 납땜하여 하드웨어를 고정하고, 노출된 접점을 수축 튜브 등으로 마감해 합선을 방지합니다. 하드웨어를 설치할 때 전기배선공과 함께 진행하는 경우라면, 전문가와 충분한 상의를 하면서 진행하시길 바랍니다.

9.7 다음 단계

이 책에서 가장 어려운 프로젝트를 완료한 것을 축하합니다. 프로젝트를 진행하면서 많은 경험과 지식을 얻었을 겁니다. 이제 다양한 가전 기기들

을 자동화시킬 수 있을 겁니다. 이 책에서의 마지막 프로젝트는 앞서 다룬 여러 기술을 조합해서 여러 개의 이벤트를 감지하고 음성으로 안내해 주는 애플리케이션을 제작하는 것입니다. 다음 프로젝트를 진행하기 전에 안드로이드 문단속 장치를 아래와 같은 방법을 사용해 개량할 수 있습니다.

- 스티브 깁슨[Steve Gibson]의 'Perfect Paper Passwords'를 사용해 더 안전하고 다원적인 일회용 비밀번호 인증 시스템[16]을 적용합니다. Perfect Paper Passwords를 사용하면 일회용 비밀번호를 건강 관리사, 집 청소 서비스 직원, 유지 보수 작업자들에게 공유해줄 수 있습니다.
- 적외선 센서를 IOIO 보드에 연결해서 움직임을 감지할 수 있도록 합니다. 현재의 프로젝트에서는 만일 들어온 사람이 고의적으로 혹은 고의가 아니더라도 카메라의 촬영 영역을 벗어난다면 누가 출입하였는지

---

[16] https://www.grc.com/ppp.htm

알 수가 없습니다. 그러므로 IOIO 보드에 남아 있는 많은 아날로그와 디지털 핀들을 활용해서 4장「전자 경비견」에서와 같은 적외선 센서를 사용합니다.

- IOIO 웹 서버 프로그램에 한 개 이상의 전자식 잠금장치를 연결하고, 각 잠금장치를 다른 URL 주소로 접속합니다. 예를 들어 현관문을 여는데 http://192.168.1.230/frontdoor로 연결해서 문을 열고, 창고 문은 http://192.168.1.230/cellardoor로 연결해서 문을 엽니다.

- 안드로이드 스마트폰을 사용하여서 문단속만 할 것이 아니라, 전등, 가전기기, 컴퓨터, 등의 전자 기기들을 IOIO 웹 서버를 통해서 제어하도록 합니다. 웹 서버 프로그램을 개량해서 이벤트 로그, 이메일 상태 점검, 위치 변동(스마트폰의 위치가 변경되는 경우를 감지)을 스마트폰 내부의 나침반과 가속도계 센서를 활용해서 감지할 수 있도록 합니다.

## 10장

말하는 집

현관문을 들어서자마자 외출한 사이에 일어난 중요한 일을 집이 보고해 준다면 멋지지 않을까요? 새로 온 메일이 있는지 확인하게 하거나 일기 예보를 읽게 하거나 스테레오 시스템으로 평소에 즐겨듣는 노래를 재생하게 하는 것은 어떨까요? 집 곳곳에 설치해 둔 수위 경보기나 새 모이 그릇 센서들이 작동한 경과를 알려주게 할 수도 있습니다(그림 44 '이벤트 알림'을 보세요).

이 프로젝트는 위에서 언급한 기능을 실현시킵니다. 여태까지 제작해온 다른 프로젝트의 모든 통신을 중계하고, 음성으로 출력할 수 있는 중앙 허브 기능을 가진 프로젝트를 제작합니다.

집에서 무슨 일이 일어나고 있는지 이메일과 트위터로 수신하는 일도 멋지지만, 집과 직접 대화를 할 수 있다면 더욱 멋지지 않을까요? 예를 들어 "지금 시각이 몇 시지?"와 "전등을 켜" 혹은 "음악 재생"과 같은 명령어를 말하면 그에 맞춰서 집이 행동을 취하는 겁니다. '웹과 연결된 전원 스위치' 프로젝트와 '안드로이드 문단속 장치' 프로젝트 같은 네트워크와 연결된 프로젝트를 이번 프로젝트를 통해서 음성 명령 기능으로 제어할 수 있습니다.

음악가나 앨범을 골라서 재생하거나 음량을 조절하는 등 세세한 음성 명령어도 추가합니다.[1]

---

1 (옮긴이) 다만, 이 프로젝트에서 제작한 프로그램은 영문 음성만을 인식하고, 그에 따른 대답도 영문 음성으로만 답합니다. 또한 사용된 OS X도 영문판 기준입니다.

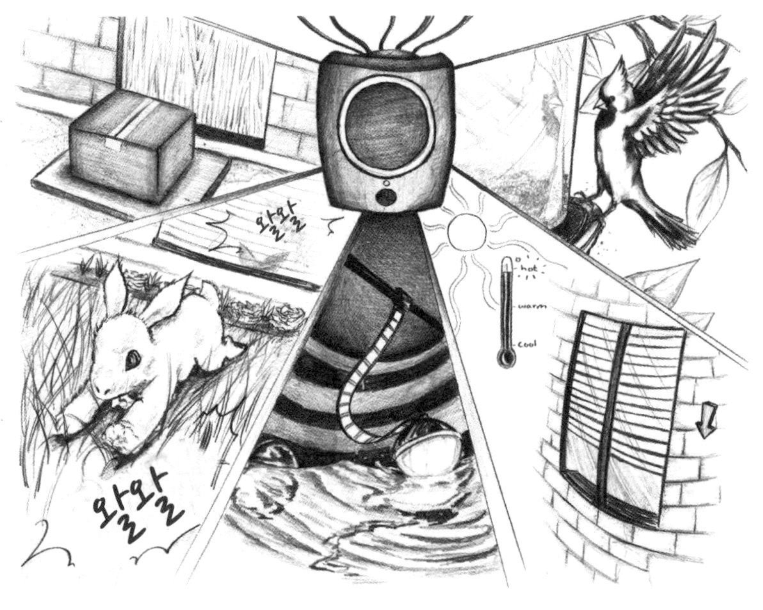

10.1 필요한 물품

이 프로젝트를 마이크로소프트 윈도에 탑재된 스피치 API나 리눅스의 오픈소스 페스티벌 프로젝트를 사용해서 진행할 수도 있지만 저는 맥 플랫폼을 사용하기로 했습니다. 그 이유는 맥 OS X 10.7(라이언)에 탑재된 Text to Speech[TTS]의 목소리가 앞서 언급한 OS의 목소리보다 더 좋기 때문입니다. 대부분의 맥 사용자는 추가적인 OS X용 음성 파일을 더 다운로드할 수 있다는 사실은 고사하고 TTS 기능[2]이 존재한다는 사실도 모를 것입니다.

프로젝트를 진행하기 위해서 필요한 물품은 아래와 같습니다.

---

2   (옮긴이) OS X에서의 TTS 기능은 노약자를 위한 기능입니다.

- 상황에 따라서 아래 세 가지 선택지 중 하나를 선택해서 사용하면 됩니다.
  - 맥과 스테레오 시스템을 연결할, 양쪽이 수 잭인 3.5mm 미니 플러그 케이블 한 개
  - 스테레오 시스템이 RCA 입력 잭만 달려있다면 3.5mm 플러그에서 RCA로 변환해주는 케이블 한 개
  - Supertooth DISCO[3] 같은 무선 블루투스 스피커 한 개
- 라디오색의 Wireless Lapel Microphone System[4] 같은 무선 마이크와 수신기 한 세트
- Griffin Technology의 iMic[5] 같이 무선 마이크 수신기의 출력을 맥으로 보내줄 3.5mm 플러그에서 USB로 변환해 주는 어댑터 한 개

컴퓨터에서 출력되는 음성을 듣기 전에 맥에 스피커를 설치하거나 스테레오 시스템에 연결하거나 블루투스 스피커와 무선으로 연결하는 방법 중 하나를 사용해서 맥이 소리를 출력할 수 있도록 해야 합니다.

10.2 스피커 설치

컴퓨터의 소리를 증폭해 줄 스피커는 이 프로젝트의 성공 여부를 좌우하는 중요한 요소입니다. 스피커의 출력은 최소한 다른 방에서도 소리가 들릴 정도로 커야 하고, 이상적으로는 집안 어디에서든지 소리가 들려야 합니다. 스피커를 설치할 무선과 유선 두 가지 방법을 살펴봅시다.

양쪽이 수 잭인 3.5mm 미니 플러그 케이블을 사용하는 것이 스테레오 시스템과 맥을 연결하는 제일 간편한 방법입니다. 이 케이블은 맥의 헤드폰 잭에서 스테레오 시스템의 앰프 혹은 리시버의 입력 잭을 연결해 줍니

---

3   http://www.supertooth.net/AU/produitmusique.htm
4   http://www.radioshack.com/product/index.jsp?productId=2131022 (대치품은 부록 B 참고)
5   http://store.griffintechnology.com/imic (대치품은 부록 B 참고)

다. 만일 스테레오 시스템이 3.5mm 입력을 지원하지 않는다면, 3.5mm 플러그에서 RCA로 변환해주는 케이블을 사용해야 합니다. 케이블의 길이는 컴퓨터와 스테레오 기기를 여유롭게 연결해야 한다는 점을 케이블을 살 때 고려하세요.

컴퓨터와 스테레오 시스템이 서로 다른 방에 있다면, 유선으로 연결하기 위해서는 전선을 깔아야 하고 벽에 구멍을 내야 할 수도 있습니다. 만일 컴퓨터를 스테레오 시스템 같이 방에 배치하지 않으면서도 전선을 까는 번거로운 작업을 하고 싶지 않다면, 무선 연결을 고려해 보세요. 무선 연결을 위해서 제일 융통성 있는 방법으로 블루투스 스피커를 사용하기를 추천합니다.

맥과 외장 블루투스 스피커를 페어링하는 작업은 쉽습니다. 컴퓨터의 블루투스 설정 창에서 블루투스의 전원을 켭니다. 그리고 외장 블루투스 스피커의 전원을 켠 뒤에 페어링 모드로 진입시킵니다. 대부분의 스피커는 전원 버튼을 길게 누르면 페어링 모드로 진입합니다. 그리고 컴퓨터의 '새로운 기기 연결하기' 버튼을 누릅니다. 이렇게 하면 컴퓨터가 블루투스 스피커를 자동으로 찾아냅니다. Supertooth DISCO 스피커는 그림 45 '블루투스 무선 스피커 페어링'과 같이 'ST DISCO R58'이라고 표시됩니다.

스피커를 선택합니다. 연결하는 블루투스 스피커의 종류에 따라서 자동으로 연결되거나 0000 혹은 1234 등의 연결 인증 코드를 요구할 수가 있습니다. Supertooth DISCO 스피커는 인증 코드를 요구하지 않고 맥에서 자동으로 스피커를 연결했습니다.

블루투스 스피커 검색과 인증 과정이 제대로 진행되었다면 화면에 블루투스 스피커가 성공적으로 연결되었다는 확인 창이 뜹니다. 시스템 설정의 소리 설정을 들어가서 출력 장치로 블루투스 스피커를 선택합니다. 그리고 아이튠즈 음악 애플리케이션으로 음악을 재생해서 페어링된 스피커가 제대로 작동하는지 확인합니다. 마지막으로 시스템 설정의 speech 옵션에 들어가서 TTS 기능을 재생해보고 마지막 작동 테스트를 마칩니다.

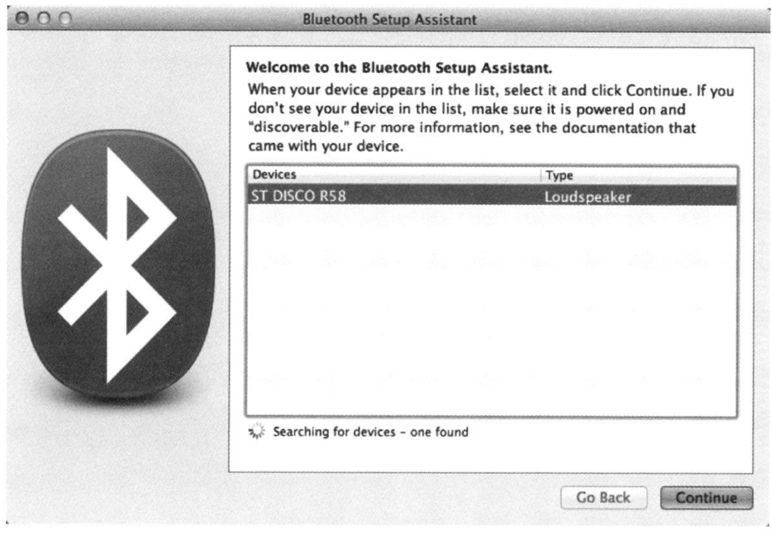

TTS가 재생되는 게 스피커를 통해서 들린다면 말하는 집 프로젝트를 진행할 하드웨어가 준비됐습니다. 스피커의 음량과 컴퓨터의 음량 설정을 조절해서 음량을 적당한 정도로 맞춰 줍니다.

왜 블루투스 오디오인가요?

블루투스 오디오 장치는 거의 모든 맥 컴퓨터에서 사용할 수 있습니다. 블루투스를 사용하면 외장 스피커를 다양한 장소에 배치할 수 있습니다. 컴퓨터에서 유선으로 스피커에 연결하는 것보다 무선으로 어느 정도의 음질을 보장해 주면서 약 10m 까지 컴퓨터와 거리를 둘 수 있는 블루투스 오디오를 사용하는 방법이 편리합니다.

다음 단계에서 맥이 음성 명령을 인식하고 음성으로 응답하게 합니다. 그리고 AppleScript 스크립트를 작성해서 OS X의 내장 음성인식 서버로 하여금 특정 명령어에 반응하게 합니다.

유선과 무선 오디오 연결법은 각자 장단점이 있습니다. 블루투스 스피커를 사용한 무선 오디오 연결법은 편리하지만 유선 연결보다 음질이 좋지 않습니다. 고음질을 원한다면 유선으로 스테레오 시스템에 연결해야 합니다. 집안에 이미 스피커 시스템을 위한 오디오 배선이 되어있다면 유선으로 연결하는 쪽이 제일 좋은 선택지입니다.

10.3 사자에게 목소리를 주자

맥과 대화를 하기 전에 음성 인식 서버를 활성화시켜야 합니다. 참고로, 음성 인식 서버는 OS X 10.5와 10.6에서는 망가졌다가 10.7 라이언부터 제대로 고쳐졌습니다. 이렇게 해서 맥이 음성 인식 플랫폼으로 사용하기에 적합해집니다.

음성 인식 기능을 사용하기 위해서 그림 46 'OS X의 speech 설정에 들어가기'에서와 같이 시스템 설정 창의 Speech 아이콘을 클릭해서 들어갑니다.

'음성 인식' 탭을 선택하고, 그림 47 'Speakable Items를 켭니다'와 같이 'Speakable Items'를 켭니다.

옵션을 켜면 뜨는 알림창의 팁을 읽고, 그 내용에 주의를 기울입니다. 음성 인식 알고리즘은 아직 여러 종류의 방언이나, 억양, 음량 등의 차이를 이해하지 못합니다. 하지만 이 기술은 계속해서 발전하는 중입니다.

맥이 음성을 인식하게 하기 위해서는 크고 정확하게 말해야 합니다. 또한, 잡음이 없는 환경에서 명령어를 느리고 또렷하게 발음해야 합니다. 억양을 음성 인식 프로그램이 제일 잘 인식하도록 조절해야 하고, 마이크의 증폭률이나 위치를 조절해야 할 수도 있습니다. 참고로, 맥의 내부 마이크 설정은 기본적으로 내장 마이크를 사용하게 되어있습니다. 나중에 iMic 어댑터를 사용할 때 이 설정을 바꿔줍니다. 지금 상황에서는 기본 설정 그대로 놔둬도 무난합니다.

Speakable Items 옵션이 활성화되면, 컴퓨터 화면에 마이크 모양의 둥근 아이콘을 볼 수 있을 겁니다. 이것이 음성 인식 창입니다. 키보드의 Esc 키를 누르면 음성 인식 기능이 작동합니다. 말하는 집 스크립트를 작동시키고 무선 마이크를 연결한 후에, 키보드를 눌러야 음성 인식이 활성화되는 이 조건을 제거합니다. 지금 현재 상황에서는 이 기능을 놔두는 것이 스크립트를 디버깅할 때 편리하기 때문에 제거하지 않습니다.

Speech 설정 패널을 닫기 전에 마지막으로 한 가지 더 설정해야 할 사항이 있습니다. Text to Speech 탭을 누르고 목록에서 System Voice를 선택합니다. (그림 48 'Text to Speech 설정'을 참조합니다.)

'재생' 버튼을 누르는 것으로 각 목소리를 미리 들어볼 수 있습니다. 기

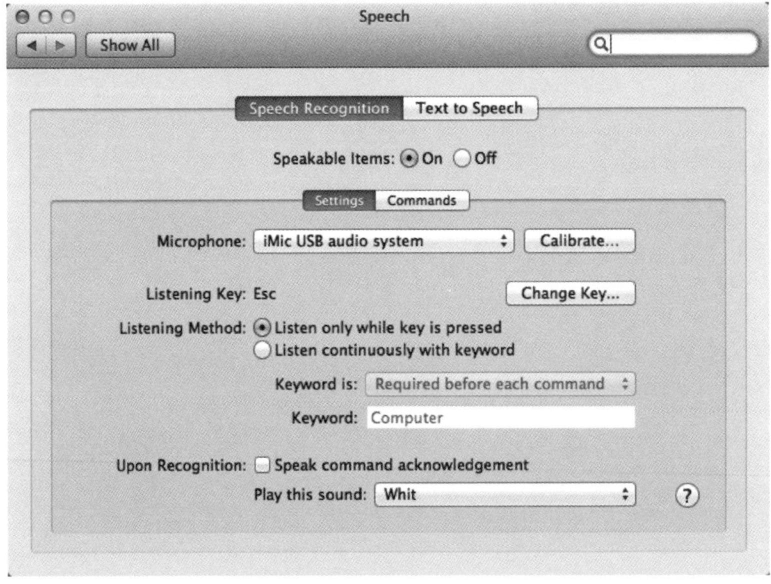

본으로 설정된 목소리는 알렉스입니다. 저는 미국 여성의 목소리인 사만다를 더 선호합니다. 음성 파일의 용량이 크기 때문에, 애플은 모든 목소리를 기본적으로 라이언에 설치해 놓지 않았습니다. 대신 시스템 음성 메뉴 옵션에서 다른 목소리들을 다운로드할 수 있습니다. 그림 49 '라이언에서 음성 선택하기'와 같이 무료로 여러 종류의 목소리를 다운로드할 수 있습니다.

목소리의 종류는 다양하고, 다운로드하기 전에 미리 들어볼 수 있습니다. 마음에 드는 목소리를 선택해서 다운로드를 시작하면 연결된 인터넷 속도와 맥 CPU 속도에 따라서 걸리는 시간이 달라집니다. 예를 들어, 사만다 목소리 파일은 450MB를 넘어갑니다.

목소리 파일을 다운로드해 설치한 뒤에, 목소리의 재생 속도를 더 빠르거나 느리게 조절할 수 있습니다. 현 상황에서는 목소리를 기본 속도로 놔두고 먼저 무선 마이크와 스피커 시스템을 완성해 놓고서 설정하는 것을 추천합니다. 다음은 무선 마이크를 연결하고, 음성 인식을 위해서 조정하는 단계입니다.

10.4 무선 마이크 조정

맥북 프로나 아이맥 컴퓨터를 사용 중이라면 컴퓨터에 내장된 마이크를 사용할 수 있습니다. 기기 바로 앞에 앉아있을 때라면 잘 작동하겠지만 기기에서 멀찍이 떨어질수록 음성이 제대로 인식되지 않습니다. 평상시에 집안을 걸어 다니거나 TV를 보거나 주방에서 아침을 만들거나 거실을 청소하는 등 한 자리에 머물러 있지 않기 때문에 무선 마이크가 필요합니다.

맥의 음성 인식 기능과의 궁합이 잘 맞는 마이크는 깨끗한 오디오 신호

그림 48 Text to Speech 설정

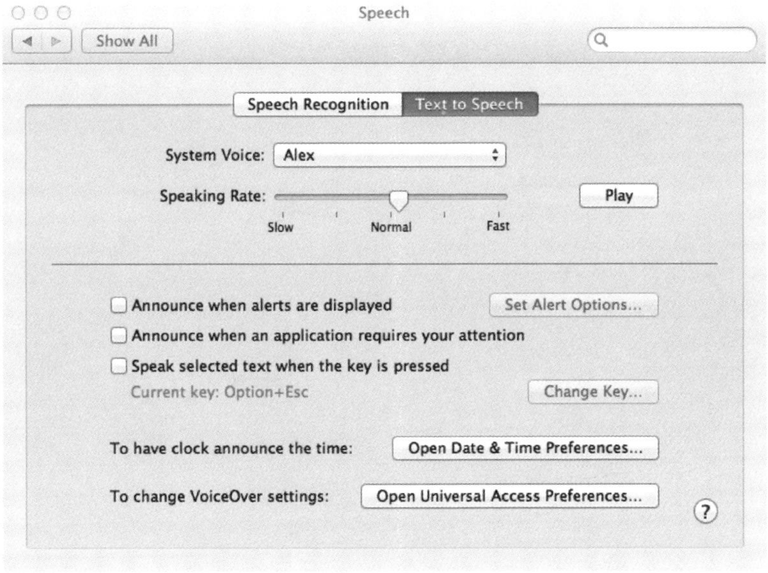

를 보낼 수 있는 어느 정도 이상의 품질을 보증하는 무선 마이크여야 합니다. 잡음이 심하게 나는 마이크는 음성 인식 프로그램이 음성 신호와 잡음을 구별하는 데 애를 먹기 때문에 제대로 작동하지 않습니다. 만일 이 프로젝트가 오랫동안 사용할 프로젝트라면, 좋은 품질의 무선 마이크를 사는 데 투자하길 바랍니다. 전문 가수들이 쓰는 좋은 성능의 마이크는 20만 원을 넘어가지만, 저가의 마이크와는 다르게 깨끗한 오디오 신호를 전달하는 성능 차이를 보여줍니다. 처음부터 큰돈을 오디오 하드웨어에 투자하기가 망설여진다면 맛보기로 라디오색의 Wireless Lapel Microphone System이 좋은 선택지가 될 것입니다.

Griffin iMic adapter를 맥 컴퓨터의 USB 포트에 꽂습니다. 그리고 무선 베이스 스테이션의 출력 잭을 iMic의 입력 잭에 꽂습니다. 마이크 입력이

그림49 라이언에서 음성 선택하기

iMic로 선택되어 있는지 확인하고, 무선 마이크와 베이스 스테이션의 전원
을 켭니다. 음성 인식 시스템 설정 창에서 iMic USB 오디오 시스템을 선택
하고, 'Calibrate...'를 누릅니다. 마이크 조절 설정 창이 나옵니다(그림 50
'마이크 조정'). 마이크에 대고 말을 하면서 설정 슬라이드를 좌우로 움직
여서 오디오 레벨을 초록색 영역 내로 조절합니다.

무선 마이크를 장착하고 방 안을 걸어 다니며, 말을 할 때 오디오 레벨이
초록색 영역 내에서만 움직이는지 확인합니다.

코딩을 시작하기 전에 한 가지 일을 더 해야 합니다. 이제 오디오 출력을
위한 스피커 설정을 진행합시다.

10.5 말하는 사자를 프로그래밍하자

뛰어난 음성 발음 및 인지 소프트웨어를 제작하기는 어렵습니다. 그래서
우리는 애플 음성 엔지니어들이 OS X에 들인 노력을 활용합시다. 이 음성
엔진은 선호되는 방식인 Objective-C 이외에도 펄, 파이썬, 루비 혹은 기타
다른 언어로도 접근할 수 있습니다. 하지만 그중에서도 가장 쉽고 빠르게
수정과 테스트를 할 수 있는 언어는 AppleScript입니다.

고백하자면, 저는 AppleScript의 열광적인 팬이 아닙니다. 스크립트를
자연스러운 영어 문장 구조로 바꾸어 쓸려고 시도하는 이 언어는 낮은 수
준에서만 작동합니다. 이는 루비나 파이썬 같이 더욱 우아한 언어를 능숙
하게 구사하는 중급 수준의 개발자를 혼란스럽게 만듭니다. 심지어 문자
열을 합치는 것과 같은 간단한 작업마저도 AppleScript에서는 고통스러운
작업이 됩니다. 하지만 AppleScript를 인식하는 OS X 프로그램과 연동하
여 쉽게 자동 통합을 하는 순간, AppleScript는 다른 언어들을 제치고 최고
의 언어가 됩니다. 아이튠즈나 메일, 사파리, 파인더와 같은 번들 프로그램
뿐만 아니라 스카이프와 마이크로소프트 오피스 같은 OS X 서드파티 프로
그램에서도 스크립트를 사용할 수 있습니다. 이 프로젝트의 경우, 애플의

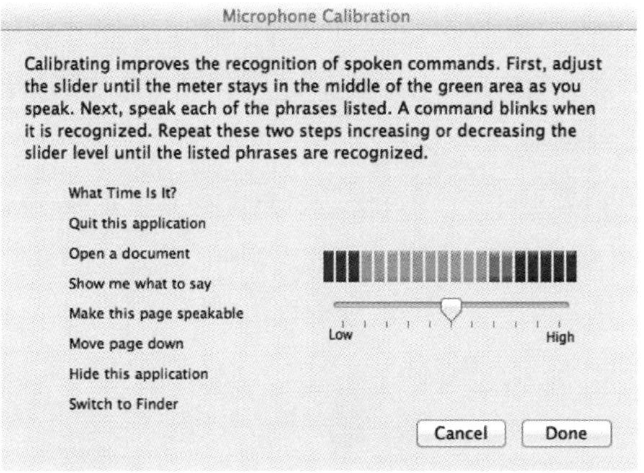

음성 인식 서버 또한 고도의 스크립트화가 가능하므로 이 프로젝트는 마법의 작업이라고 불러도 됩니다.

AppleScript는 텍스트 에디터의 종류에 구애받지 않고 작성할 수 있지만, AppleScript 에디터 애플리케이션을 사용하여 작성하는 것이 제일 좋은 방법입니다. Application/Utilities 폴더로 들어가면 이 프로그램을 찾을 수 있습니다. AppleScript 에디터를 처음으로 실행하면, 비어 있는 두 개의 코드 편집기 창이 보일 것입니다. 창의 위쪽 절반은 코드를 입력하는 부분이고, 아래쪽은 이벤트와 답글, 스크립트 실행 결과를 확인할 수 있는 세 개의 탭이 있습니다. 에디터는 AppleScript 문법에 맞춰 스크립트를 작성하는 것을 도와주지만, 코드 자동 완성이나 on-the-fly(코드에 대한 길잡이)와 같은 보편적인 IDE 기능들을 제공해 주지는 않습니다. 다행히도, 스크립트는 일반적으로 길이가 짧으므로 이러한 단점들이 크게 작용하지 않습니다.

AppleScript는 전용 단어와 키워드, 그리고 관용구들을 가지고 있습니다. AppleScript를 배우는 것은 어렵지 않지만, 이 언어는 의도한 대로 동작하는 스크립트를 작성해야 할 때, 개발자를 골치 아프게 만들 수 있습니다. 예를 들어서, 이메일 주소를 위한 문자열을 분석하는 작업은 대부분의 스크립트 언어에서 쉬운 작업이지만, AppleScript에서는 그렇지 않습니다. 이는, 언어의 역사로 인한 제약과 AppleScript가 개발자에게 바라는 복잡한 작업 방식 때문이기도 합니다. 그래서 우리가 이 프로젝트에서 쓸 코드에 대해서는, 저를 믿고 그대로 따라 하면 됩니다. 만일, AppleScript가 마음에 들거나 프로젝트 코드를 추가로 작업하고 싶은 경우에는, 애플의 온라인 문서[6]에서 더 많은 정보를 얻을 수 있습니다.

스크립트를 작성하기 전에, 우리가 스크립트가 무슨 작업을 하길 원하는지부터 생각해 봅니다. 먼저, 특정 단어나 구문에 대하여 반응하거나 이러한 명령어에 따라 행동하게 하는 것을 원합니다. 그러기 위해서 도출해야 할 명령어는 무엇이 있을까요? 입문자들을 위해 이전에 제작했던 네트워크 기반의 프로젝트인 '안드로이드 문단속 장치'나 '웹과 연결된 전원 스위치' 프로젝트의 URL을 스크립트가 입력하게 할 수 있습니다. 그 점에 착안해서 메일이나 아이튠즈와 같은 번들 OS X 프로그램이 읽지 않은 이메일을 확인하여 읽게 하고, 듣고 싶은 음악을 들려주게 하고, 현재 시각을 물어볼 수 있도록 집을 개조해 봅시다.

먼저 SpeechRecognitionServer 애플리케이션을 초기 설정해야 하며, 반응하기를 원하는 단어나 문구를 입력받을 수 있도록 해야 합니다. 일련의 if/then 문법을 사용하면 인지된 명령에 따라 반응하도록 할 수 있습니다. 예를 들어 만약 컴퓨터에 음악을 재생하도록 요청하면 아이튠즈를 작동시켜서 라이브러리부터 음악 트랙을 불러오게 하고, 이를 아티스트명과 앨범명에 따라 정렬하여 단어와 문구에 따라 이 앨범명을 도출합니다. 그리고 TTS 엔진을 통해 어떤 아티스트와 앨범을 들을 것인지 음성으로 물어

---

[6] http://developer.apple.com/library/mac/#documentation/AppleScript/Conceptual/
AppleScriptLangGuide/introduction/ASLR_intro.html#//apple_ref/doc/uid/
TP40000983

보게 할 수 있습니다. 비슷한 방법으로, 아직 읽지 않은 이메일을 메일 확인 명령어를 통해 읽게 할 수 있습니다. 그렇게 하려면 메일 애플리케이션을 실행하여 사전에 설정된 메일 계정을 호출해서 읽지 않은 메시지를 확인한 후 메시지를 보낸 이와 제목을 TTS로 읽게 합니다.

이제 실행되는 스크립트를 자세히 알아봅시다. 아래가 전체 스크립트[7]입니다. 대부분의 문법은 AppleScript에 익숙하지 않더라도 이해하기 쉬울 것입니다.

```
with timeout of 2629743 seconds
    set exitApp to "no"
    repeat while exitApp is "no"
①      tell application "SpeechRecognitionServer"
          activate
          try
            set voiceResponse to listen for {"light on", "light off", ¬
                "unlock door", "play music", "pause music", ¬
                "unpause music", "stop music", "next track", ¬
                "raise volume", "lower volume", ¬
                "previous track", "check email", "time", "make a call", ¬
                "hang up", "quit app"} giving up after 2629743
          on error -- time out
                return
          end try
        end tell

②      if voiceResponse is "light on" then
          -- open URL to turn on Light Switch
          open location "http://192.168.1.100:3344/command/on"
          say "The light is now on."

        else if voiceResponse is "light off" then
          -- open URL to turn off Light Switch
          open location "http://192.168.1.100:3344/command/off"
          say "The light is now off."

        else if voiceResponse is "unlock door" then
          -- open URL to unlock Android Door Lock
          open location "http://192.168.1.230:8000"
          say "Unlocking the door."
```

---

7 (옮긴이) 상단 스크립트의 경우, 스크립트가 한글을 지원하지 않을 가능성이 높으므로 TTS 구문 부분의 영어는 번역하지 않았습니다.

③
```
    else if voiceResponse is "play music" then
      tell application "iTunes"
      set musicList to {"Cancel"} as list
      set myList to (get artist of every track ¬
          of playlist 1) as list
      repeat with myItem in myList
        if musicList does not contain myItem then
          set musicList to musicList & myItem
        end if
      end repeat
    end tell

    say "Which artist would you like to listen to?"
    tell application "SpeechRecognitionServer"
      set theArtistListing to ¬
          (listen for musicList with prompt musicList)
    end tell

if theArtistListing is not "Cancel" then
  say "Which of " & theArtistListing & ¬
      "'s albums would you like to listen to?"
  tell application "iTunes"
    tell source "Library"
      tell library playlist 1
        set uniqueAlbumList to {}
        set albumList to album of tracks ¬
        where artist is equal to theArtistListing

        repeat until albumList = {}
          if uniqueAlbumList does not contain ¬
            (first item of albumList) then
            copy (first item of albumList) to end of ¬
                uniqueAlbumList
          end if
          set albumList to rest of albumList
        end repeat

        set theUniqueAlbumList to {"Cancel"} & uniqueAlbumList
        tell application "SpeechRecognitionServer"
          set theAlbum to (listen for the theUniqueAlbumList ¬
            with prompt theUniqueAlbumList)
        end tell
      end tell
    end tell
    if theAlbum is not "Cancel" then
      if not ((name of playlists) contains "Current Album") then
      set theAlbumPlaylist to ¬
          make new playlist with properties{name:"Current Album"}
      else
```

```applescript
                set theAlbumPlaylist to playlist "Current Album"
                delete every track of theAlbumPlaylist

            end if

            tell library playlist 1 to duplicate ¬

                (every track whose album is theAlbum) to theAlbumPlaylist
                play theAlbumPlaylist
            else
                say "Canceling music selection"
            end if
        end tell
    end tell
    else
        say "Canceling music selection"
    end if

else if voiceResponse is "pause music" or ¬
    voiceResponse is "unpause music" then
    tell application "iTunes"
        playpause
    end tell

else if voiceResponse is "stop music" then
    tell application "iTunes"
        stop
    end tell

else if voiceResponse is "next track" then
    tell application "iTunes"
        next track
    end tell

else if voiceResponse is "previous track" then
    tell application "iTunes"
        previous track
    end tell

-- Raise and lower volume routines courtesy of HexMonkey's post:
-- http://forums.macrumors.com/showthread.php?t=144749
else if voiceResponse is "raise volume" then
    set currentVolume to output volume of (get volume settings)
    set scaledVolume to round (currentVolume / (100 / 16))
    set scaledVolume to scaledVolume + 1
    if (scaledVolume > 16) then
        set scaledVolume to 16
    end if
```

```applescript
        set newVolume to round (scaledVolume / 16 * 100)
        set volume output volume newVolume
    else if voiceResponse is "lower volume" then
        set currentVolume to output volume of (get volume settings)
        set scaledVolume to round (currentVolume / (100 / 16))
        set scaledVolume to scaledVolume - 1
        if (scaledVolume < 0) then
          set scaledVolume to 0
        end if
        set newVolume to round (scaledVolume / 16 * 100)
        set volume output volume newVolume
```

⑥
```applescript
    else if voiceResponse is "check email" then
        tell application "Mail"
          activate
          check for new mail
          set unreadEmailCount to unread count in inbox
          if unreadEmailCount is equal to 0 then
            say "You have no unread messages in your Inbox."
          else if unreadEmailCount is equal to 1 then
            say "You have 1 unread message in your Inbox."
          else
            say "You have " & unreadEmailCount & ¬
                " unread messages in your Inbox."
          end if
            if unreadEmailCount is greater than 0 then
              say "Would you like me to read your unread email to you?"
              tell application "SpeechRecognitionServer"
                activate
                set voiceResponse to listen for {"yes", "no"} ¬
                    giving up after 1 * minutes
              end tell
              if voiceResponse is "yes" then
                set allMessages to every message in inbox
                repeat with aMessage in allMessages
                  if read status of aMessage is false then
                    set theSender to sender of aMessage
                    set {savedDelimiters, AppleScript's text item delimiters} ¬
                        to {AppleScript's text item delimiters, "<"}
                    set senderName to first text item of theSender
                    set AppleScript's text item delimiters ¬
                        to savedDelimiters
                    say "From " & senderName
                    say "Subject: " & subject of aMessage
                    delay 1
                  end if
                end repeat
              end if
```

```
          end if
        end tell

⑦    else if voiceResponse is "time" then
        set current_time to (time string of (current date))
        set {savedDelimiters, AppleScript's text item delimiters} to ¬
          {AppleScript's text item delimiters, ":"}
        set hours to first text item of current_time
        set minutes to the second text item of current_time
        set AMPM to third text item of current_time
        set AMPM to text 3 thru 5 of AMPM
        set AppleScript's text item delimiters to savedDelimiters
        say "The time is " & hours & " " & minutes & AMPM
⑧      --else if voiceResponse is "make a call" then
        -- tell application "Skype"
        -- -- A Skype API Security dialog will pop up first
        -- -- time accessing Skype with this script.
        -- -- Select "Allow this application to use Skype" for ¬
        -- -- uninterrupted Skype API access.
        -- activate
        -- -- replace echo123 Skype Call Testing Service ID with ¬
        -- -- phone number or your contact's Skype ID
        -- send command "CALL echo123" script name ¬
        -- "Place Skype Call"
        -- end tell
        -- else if voiceResponse is "hang up" then
        -- tell application "Skype"
        -- quit
        -- end tell
⑨    else if voiceResponse is "quit app" then
        set exitApp to "yes"
        say "Listening deactivated. Exiting application."
        delay 1
        do shell script "killall SpeechRecognitionServer"
      end if
    end repeat
  end timeout
```

① 스크립트를 계속 구동시키기 위해 먼저 해야 할 일은 스크립트를 두 개의 루프로 감싸는 것입니다. 첫 번째 루프는 스크립트가 타임아웃 되는 걸 막기 위한 'with timeout ... end with' 루프입니다. 이때, 타임아웃 주기는 초 단위로 설정되어야 합니다. 이 프로젝트는, 스크립트를 한 달 동안 구동할 것입니다. (평균적으로 한 달의 길이는 대략 260만 초입니다.)

두 번째 루프는 코드의 마지막 부분에서 볼 수 있듯이, "Quit app" 음성 반응을 통해 exitApp 변수가 yes로 설정되기 전까지 반복되는 while 루프입니다.

그 다음, 음성인식 서버를 설정하고, listen for 메서드를 통해 키워드와 관용구의 배열을 서버에 넘겨줍니다. 인식 서버는 한 달간 활성화되기 때문에 입력받을 시간이 지났을 때, 스크립트를 재시작할 필요 없이 입력되는 명령어들을 기다릴 수 있습니다. giving up 값을 수정하면 한 달 길이로 설정된 주기를 연장할 수 있습니다.

② 만약 입력된 관용구가 "전등 켜기"로 인식되었다면, 웹 브라우저를 켜서 웹 전등 활성화 URL로 이동시킵니다. 반대로, "전등 *끄기*"는 소등 URL을 호출할 것입니다. 마찬가지 방식으로 '안드로이드 문단속 장치' 프로젝트의 URL 또한 호출할 수 있습니다.

③ 음성을 통해 URL을 호출하는 기능 외에도, 아이튠즈나 메일 애플리케이션 같은 AppleScript가 사용 가능한 OS X 프로그램들과 통신을 할 수 있습니다. 이 부분의 코드에서는 아래와 같은 작업이 수행됩니다.

1. 아이튠즈를 실행합니다.
2. 빈 리스트 배열을 만듭니다.
3. 아이튠즈 라이브러리로부터 모든 음악 트랙을 위의 배열에 삽입하면서, 동시에 중복되는 트랙은 제거합니다.
4. 음악 트랙 배열에서 아티스트 명을 추출합니다.
5. 적어도 배열에 한 명 이상의 작곡가가 있으면, 작곡가 이름 배열을 listen for 메서드를 이용하여 음성 인식 서버에 넘겨줍니다.
6. 사용자에게 청취할 작곡가를 선택하라고 묻습니다. 만약 사용자가 라이브러리에 있는 아티스트의 이름을 말하면, 음성 인식기에 해당 앨범의

이름을 넘겨줍니다. 이 시점에서 사용자는 "Cancel(취소)"이라고 말하여 play music 반복문에서 빠져나갈 수 있습니다.

7. 작곡가가 하나 이상의 앨범을 라이브러리에 가지고 있으면, 작곡가 선택과 같은 과정을 거쳐서 원하는 앨범을 선택하게 합니다. 그렇지 않을 경우, 앨범을 즉시 재생합니다.

④ 일시중지/재생 그리고 정지 명령과 다음/이전 곡 선택 명령은 아이튠즈의 비슷하게 명명된 메서드를 호출합니다.

⑤ 음량 증가와 감소 명령은 맥의 출력 음량을 감지하여, 이를 맥 키보드의 음량 키를 사용할 때의 음량의 증/감량만큼 증가시키거나 감소시킵니다. 이 명령들은 손을 사용하지 않고 재생 음량을 낮추거나 증가시킬 때 특히 유용합니다.

⑥ 스크립트의 이 부분은 이메일 계정이 OS X의 내장 메일 애플리케이션에서 작동되는 상태를 전제로 합니다. 메일 코드 부분에서 아래와 같은 작업이 이루어집니다.

1. 메일 애플리케이션을 실행합니다.
2. 메일 서버로부터 새 메일과 읽지 않은 메일을 가져오기 위해서 호출합니다.
3. 통합 수신함의 읽지 않은 메일의 개수를 세고 그 개수를 음성으로 말해줍니다.
4. 읽지 않은 메일이 있으면, 사용자에게 읽지 않은 메일을 음성으로 읽어주기를 원하는지 물어봅니다.
5. 사용자가 "yes(예)"라고 응답하면, 읽지 않은 메일의 배열을 만들고, 이 메일의 발신인과 제목을 읽습니다. "yes(예)"라고 응답하지 않으면, 루틴을 빠져나갑니다.

⑦ 이 루틴은 AppleScript의 current date 루틴으로부터 현재 시각을 알아냅니다. 이로부터, 아래와 같은 작업을 수행합니다.

1. 현재 시각을 string 변수 current_time에 할당합니다.
2. AppleScript의 savedDelimiters 함수를 사용하여 current_time 문자열을 ":" 문자를 기준으로 나눕니다. 이를 통해 문자열은 시와 분으로 나누어집니다. 남은 부분의 문자열은 오전 혹은 오후 표식이 됩니다.
3. 이 시간 값을 적절한 변수(시간, 분, AM/PM)에 할당하고 이에 따라 음성으로 읽어 줍니다.

⑧ 맥용 스카이프 클라이언트가 설치되어 있고, 핸즈프리 전화를 사용하고 싶다면 이 줄들의 주석을 해제합니다(AppleScript에서 주석으로 쓰이는 이중 다시(--) 문자열을 제거합니다). 그리고 스카이프 테스트 계정인 "echo123"을 원하는 계정으로 변경합니다.

⑨ 이 명령은 스크립트를 종료하고 killall SpeechRecognitionServer 셸 명령어를 통해 음성인식 서버를 완벽하게 종료시킵니다.

스크립트를 AppleScript 에디터에 입력한 후, 이를 저장하고 에디터의 툴바에서 '컴파일' 버튼을 클릭합니다. 스크립트에 오타나 에러가 있으면, 컴파일에 실패할 것입니다. 발생한 문제점을 해결하고 클린 컴파일을 하였는지 확인해 보세요. 조정된 무선 헤드셋의 전원이 들어와 있고, 입력되는 음성의 크기가 적절하게 설정되었는지 확인해 보세요. 그리고 반응을 확인할 수 있을 만큼 외부 스피커와 음악 재생 음량을 키워놓습니다. 그 다음 '실행' 버튼을 누르고 음성 인식을 시도해 봅니다.

10.6 집과 대화하기

기다리던 순간이 왔습니다. "Time(시간)"이라고 말하고, 컴퓨터가 말해주는 현재 시각을 들어 보세요. "play music(음악 재생)"이라고 명령하면, 컴퓨터는 "Which artist would you like to listen to?(어떤 음악가의 노래를 들으시겠습니까?)"라고 반응할 것입니다. 컴퓨터의 아이튠즈 라이브러리에 있는 아티스트 명을 말하고, 앨범을 선택하면 노래 재생을 시작할 것입니다. "Stop music(정지)"를 통해서 음악 듣기를 중단할 수도 있습니다.

수신함에 있는 읽지 않은 메일을 "check mail(메일 확인)"이라고 말하여 확인해 봅니다. 컴퓨터가 읽지 않은 메일의 개수와 메일의 발신인과 제목을 올바르게 읽고 있는지 컴퓨터 화면을 보면서 확인해 봅니다.

만약 '안드로이드 문단속 장치'나 '웹과 연결된 전원 스위치'를 사용하고 있다면, "Unlock door(잠금 해제)" 나 "Light on(불 켜기)"라고 말함으로써, 잠금장치를 해제하거나 전등을 켤 수 있습니다. 이제 목소리로 동작하는 멋진 집을 얻게 되었습니다!

명령을 다른 장소에서도 내려 보도록 합니다. 방을 돌아다니기도 해보고, 다른 방에서도 명령해 봅시다. 무선 마이크 신호로 얼마나 멀리서도 명령을 내릴 수 있는지 확인해 봅니다. 컴퓨터와 통신할 때 수신 가능한 범위를 유의하세요.

스크립트를 더욱 영구적으로 사용하기 위해서, 이를 실행 파일로 만듭니다. 아이콘을 OS X 데스크톱에 위치시키고, 아이콘을 컨트롤-클릭한 후 팝업 메뉴의 옵션 섹션에서 '로그인 시 열기' 버튼을 클릭합니다. 이는 스크립트가 맥에 로그인할 때마다 동작하여 음성 명령을 기다리게 할 것입니다.

사용 환경에 맞도록 스크립트를 고치거나, 새로운 관용구와 기능을 계속해서 추가해 봅시다. '커튼 자동화' 프로젝트를 네트워크와 연결하고, "open drapes(커튼 열기)" 명령을 수행하도록 하거나 기상청에서 날씨 정

보를 가져와서 읽어주는 날씨 옵션을 추가해 봅시다. 다음 절에서 제시하
는 더욱 많은 기능을 추가해 보는 것도 고려해 봅니다.

10.7 다음 단계

책의 마지막 프로젝트를 달성한 분에게 경의를 보냅니다. 직접 경험했듯
이, 음성 인식 기능을 사용하는 일은 그렇게 어렵지 않습니다. 아직 기술이
완벽하지는 않지만 20여년 전에는 공상과학으로만 여겨졌던 집을 조종하
는 일을 직접 해보는 것은 매우 흥분되는 경험입니다.

아래의 개선점을 적용하면서 좀 더 고수준의 자동화 기술을 시행해 보
세요.

- 이메일을 읽어주는 루틴에 시간과 메시지 본문을 읽어주는 기능을 추
  가해 보거나, 메시지를 지우거나 미리 설정된 서식으로 이메일에 답장
  하는 기능을 추가해 봅니다(예: "예"라고 답장하기).
- 아이튠즈의 검색 배열 기능을 스카이프 클라이언트에도 복제하여 핸즈
  프리 전화를 스카이프 연락처에 있는 사람 누구에게나 할 수 있게 만들
  어 봅니다. "Make a call(전화하기)"이라고 말하면 스크립트는 스카이
  프 계정의 연락처와 이름들을 listen for 배열에 입력할 것입니다. 아티
  스트 명에 대한 반응과 같이, 전화할 연락처의 이름에 대해 응답하고,
  스크립트는 스카이프가 할 일을 자동화할 것입니다.
- TTS 확장기능을 '트윗하는 새 모이 그릇'과 '소포 배달 감지기' 프로젝
  트의 파이썬 스크립트에 추가하여, 새가 앉거나 물품 배송이 감지되는
  이벤트가 발생할 때 말해주도록 합니다. 이는 오픈 스크립트 아키텍처
  (OSA) 셸 명령[8]으로 구현할 수 있습니다.

---

[8] http://developer.apple.com/library/mac/documentation/Darwin/Reference/
ManPages/man1/osascript.1.html

- 안드로이드의 RecognizerIntent 인텐트를 호출하여 음성인식 기능을
  안드로이드 애플리케이션으로 변환시키거나, 마이크로소프트의 윈도
  용 Speech API[9]를 이용하여 애플 OS X 이외의 다른 플랫폼에서도 구현
  해 봅니다.

9　http://msdn.microsoft.com/en-us/library/ee125077%28v=vs.85%29.aspx

## 11장

미래의 디자인

이 책의 내용은 주로 가정 자동화 프로젝트를 저렴하게 제작하는 데에 초점을 맞췄습니다. 이번 장에서는 마이크로컨트롤러, 스마트폰, 컴퓨터가 급격하게 발전해온 역사를 알아보고, 미래를 예측해 보겠습니다.

근미래에 아두이노, 안드로이드, 컴퓨터 운영체제가 어떻게 발전할지 예상하고 이러한 발전이 10년 뒤인 2025년에는 어떻게 거주 공간의 발전에 도움을 줄지에 대해서 알아봅니다. 모바일 기술이 지난 10년 동안 정교하게 발전해온 것을 보면, 이 예측이 현실화가 될 가능성은 큽니다. 사실 여기서 기술할 예측은 이 책에서 배운 기술과 현대 기술의 접목으로 재현할 수 있습니다. 먼저, 조만간 등장할 새로운 기술에 대해서 알아봅시다.

11.1 근미래에 산다는 것은

오픈 하드웨어를 개발하는 움직임은 최근 들어서 가속화되고 있습니다. 그 결과로, 더 많은 관련 서비스와 사업이 생겨나고 있습니다. 아두이노와 안드로이드 같이 자리 잡은 기술도 아직은 걸음마 단계입니다. 이 두 플랫폼은 최근 들어서야 주요 버전 업그레이드가 있었습니다.

이 절에서는 가까운 미래의 기술 발전과 그 발전으로 나오는 신제품이 어떨지에 대해서 다룹니다. 또한, 이 책의 프로젝트를 진행하려는 사람들이 신제품의 영향을 어떻게 받을지도 설명합니다.

아두이노 1.0

이 책의 마지막 페이지가 작성된 직후, 아두이노 팀에서는 아두이노 1.0이 조만간 공개된다고 발표했습니다. 이 새로운 버전에서 바뀐 부분 때문에 예전 버전에서 작성한 코드가 개발자들을 좀 괴롭히겠지요. 여태까지 사용자들이 만든 아두이노 관련 라이브러리, 샘플 코드, 문서, 책, 동영상을 생각하면, 아두이노 팀의 움직임은 매우 대담해 보입니다. 이 책 또한 마찬가지로 새로운 아두이노 버전에 의한 영향을 받습니다. 아두이노 1.0이 널리 사용된다면 프로젝트와 라이브러리들은 변화를 수용하기 위해서 재작성되어야 할 것입니다. 이러한 변화 중에서도 제일 눈에 띄는 변화는 아래와 같습니다.

- 작성 중인 코드 파일명인 .pde와의 혼동을 방지하기 위해서, 완성된 코드 파일명은 기존의 .pde에서 .ino로 변경되었습니다.
- IP 주소 설정을 손쉽게 하기 위해 아두이노 이더넷 라이브러리는 DNS와 DHCP를 지원합니다.
- String 클래스가 최적화되어 온 보드 자원을 덜 요구하고, 적은 자원으로 더 많은 작업을 할 수 있게 되었습니다.
- Serial 클래스는 데이터 검색과 다수의 바이트를 버퍼로 읽기 위한 파싱 기능을 추가하였습니다. 이때, 레거시 코드를 사용한 비동기 작업은 아두이노 1.0 이전의 코드에서 지원하지 않았기 때문에 시차 문제를 일으킬 수도 있습니다.
- 번들 라이브러리(SD 카드 리더기를 사용하기 위해서 사용되는 등의 라이브러리)가 업그레이드되어 정교한 코드를 작성할 때, 의존하는 하위 코드를 덜 신경 써도 됩니다.
- IDE의 디자인이 변경되었습니다. 새로운 아이콘, 배색, 컴파일 진행상태 바와 같은 상태 표시 인디케이터가 IDE를 개량하기 위해서 추가되었

습니다. 그 결과로, 사용자 인터페이스 요소들과의 상호 작용이 더 쉽고
간편해졌습니다.

- 몇몇 핵심 라이브러리 클래스와 기능 명(Wired 라이브러리 같은)이 리
턴 타입과 성취와 함께 변경되었습니다. 라이브러리 작성자는 하위 변
경사항을 지원하기 위해서 라이브러리를 포팅하느라 바빠질 것입니다.

변화에 대한 더 자세한 사항은 아두이노 블로그에 작성된 글[1]을 읽어 보
세요. 다행히, 아두이노 IDE는 휴대성이 강해서 여러 다른 버전들을 한 대
의 컴퓨터에 설치할 수 있습니다. 문제가 해결될 동안 구 버전의 IDE를 사
용해 코드의 의존성 문제가 해결되기 전까지 개발 활동을 진행할 수 있습
니다. 새로운 버전은 시간을 두고 1~2년 정도의 시간 동안 서서히 사용되
면서 관련 라이브러리도 새로운 버전을 지원하게 될 것입니다. 이 책의 개
정판도 새로운 버전의 IDE 공개에 맞춘 코드를 제공할 생각입니다.

Android@Home

2011 구글 IO 콘퍼런스에서는 안드로이드 오픈 액세서리 API와 개발 키트
(ADK)가 공개되었습니다. 이 계획은 저렴한 마이크로컨트롤러, 센서, 액추
에이터에 안드로이드 API 수준의 접근을 제공할 수 있다는 걸 의미합니다.
콘퍼런스에 참여한 사람들에게는 각자 안드로이드 기기(구글 넥서스 스마
트폰 같은)로 호출할 수 있는 기본 센서가 장착된 아두이노 메가 보드[2]가
지급됐습니다. 이 기술의 조합을 사용한 Android@Home을 비롯한 몇몇
배치 시나리오를 콘퍼런스에서 다뤘습니다. 무선으로 전등의 전원을 켜고
끄는 시스템, 오락 시스템, 운동 기구 등이 시연되었으며 구글 IO 2012에는

---

1   http://arduino.cc/blog/2011/10/04/arduino-1-0/
2   http://www.adafruit.com/products/191

더 많은 서드파티 솔루션이 발표되리라고 기대됩니다.

ADK는 Google@Home의 동력이면서 기기 간의 통신 규격을 표준화시키려는 시도입니다. 안드로이드 OS는 ADK의 메시지에 응답할 수 있습니다. 또 기대되는 점은 하드웨어가 점점 더 대중화되면서 안드로이드 OS가 휴대전화 뿐만 아니라 다른 기기에도 사용되는 일입니다. 구글이 원하는 것은 이러한 전자기기의 대중화가 가전제품 제조사로 하여금 ADK 표준을 채용해서 기기끼리 통신할 수 있게 하는 것으로, 가정 자동화 시장을 혁신적으로 변화시키려는 계획입니다.

다른 가정 자동화 양식의 표준화를 위한 시도를 참고하면, 구글의 Google@Home 개념은 외부에서 큰 호응을 얻지 못할 것입니다. 많은 회사는 가정 자동화 표준화에 투자하기보다는 일단 상황을 지켜볼 것입니다. 하지만, Android@Home이 큰 호응을 얻지 못하더라도, 가정 자동화 시장에 미치는 영향은 구글의 경쟁자인 애플과 마이크로소프트로 하여금 가정 자동화 시장의 기회에 대해서 좀 더 관심을 두게 할 것입니다. 이 회사들이 시장에 돌입하기 위해서 사용할 가전제품은 아마도 TV가 될 것입니다.

애플 홈 버튼

아이폰 4S에서 시리를 소개하면서 애플은 정보 검색에서 검색 결과를 표기할 때 웹 브라우저에 완전히 의존하지는 않는 메타 인터페이스를 사용합니다. 이는 검색 기능을 제공하는 구글과 마이크로소프트에게 큰 영향을 줍니다. 이 두 회사의 수익 모델이 검색 결과와 함께 표기되는 광고에서 주로 나오기 때문입니다. 몇몇 상황에서 시리의 음성 출력은 글자 위주의 데이터베이스 뭉텅이보다는, 사용자와의 대화를 통해서 불필요한 광고 없이도 필요한 정보를 전달해 줍니다. 먼 훗날에 애플이 시리의 대화에 광고를 집어넣을 수도 있지만 일단 현재의 시리는 광고가 없습니다. 만일 당신이라면 정보 검색을 위해 직접 키보드를 입력해서 광고와 링크들이 섞인 결과 창을 받겠습니까, 아니면 TV에게 정보를 물어보고 정확하고 직관적인 대답을 바로 받겠습니까?

애플은 구글과 마이크로소프트와 같이 TV와 연결해서 음악과 비디오 콘텐츠를 스트리밍 하는 컴퓨터를 디자인했습니다. 소문에 의하면, 애플은 다음 세대의 애플 TV에 시리 기술을 적용해 음성으로 조종할 수 있도록 제작할 예정이라고 합니다. TV에게 질문을 해서 일기 예보를 듣거나 좋아하는 아티스트의 노래를 듣거나 음성으로 이메일을 작성하거나 심지어는 집에 있는 다른 기기들(대개 아이폰과 아이패드겠죠)과 iCloud를 통해서 동기화를 하는 등의 기능이 TV에 추가되는 일은 충분히 상상할 수 있습니다. 다만 구글과 마이크로소프트도 가만히 있지는 않을 겁니다. 그리고 이 둘의 음성 인식 기술과 축적된 데이터는 음성 인식 계열 서비스에서 애플을 능가할 가능성이 높습니다.

애플의 기술자들이 애플 플랫폼을 가정과 엮으려는 시도를 해왔다고 해도 놀랍지 않습니다. 구글의 Android@Home과 마이크로소프트의 Kinect 실험이 있지만, 애플의 노림수는 아직 공개되지 않았습니다. 하지만 그 노림수가 공개된다면 많은 개발자의 관심과 지원을 받을 것입니다.

11.2 장기적 관점

이 모든 가정 자동화 기술이 사람들의 일상을 더 편하게 도와준다는 생각은 멋지지만, 이 모든 것을 작동시키는 데에는 전기가 필요하다는 점은 간과할 수 없는 관점입니다. 안타깝게도 이 지구상의 모든 사람이 자동화된 집을 가지기에는 자원이 부족합니다. 현세대가 컴퓨터와 통신망을 개발했듯이 다음 세대 개발자들이 에너지를 수집하고 분배하는 과정을 발전시켰으면 합니다. 스마트 그리드, 지속 가능한 에너지원, 환경을 고려한 기술은 저렴한 센서, 표준 프로토콜, 유비쿼터스 무선 통신 기술과 같이 미래에 개발되어야 할 기술입니다.

에너지 문제를 고려한다면 저전력 하드웨어를 채용한 시스템이 대세가 될 것입니다. 몇 대의 컴퓨터, 모니터, 시계, 라디오, 휴대전화, 태블릿, 오락용 콘솔을 지금 집안의 전원 플러그에 물려두었나요? 40년 전에는 전등과 냉장고 외에는 한두 대의 TV와 LP 턴테이블, 라디오, 시계 정도만 사용했습니다. 지금으로부터 40년 뒤에는 6~7대의 전자기기가 방마다 네트워크에 연결된 채로 서로 통신할 것입니다. 중앙 서비스가 이러한 기기들의 이벤트 메시지를 읽고 있다가 상황에 맞추어서 반응하겠지요. 이런 기술은 어떤 모습을 띠고 있을까요?

집이 컴퓨터입니다

이 책에 있는 프로젝트를 확장해서 집 안의 모든 방에 다양한 방식으로 적용한다고 상상해 보세요. 가정 자동화는 곳곳에 있고, 수많은 메시지는 처리되기 위해서 서버로 모입니다. 처리 서버는 클라우드에 있는 가상 개인 서버이거나 메시지 버그는 서드파티 서비스 제공자가 관리할 수도 있습니다. 무슨 일이 발생하면 집이 바로 집주인에게 알리거나 집안에 주인이 있다면 적합한 행동을 취할 것입니다. 사진과 음성 인식 시스템이 집주인을 인식하고, 주인의 취향에 맞춰서 서비스를 제공할 것입니다. 센서로 가득 찬 환경에서 사는 일은 오늘날의 휴대전화로 트윗을 하는 일과 같이 자연스럽고 전혀 힘이 들지 않을 것입니다. 수집된 데이터는 분석되어 일상 생활에 녹아들 것입니다. 계절과 시간, 기상 상태, 소포 배달, 손님의 방문, 집안에 있는 시간, 선호하는 디지털 환경 등의 정보를 수집해서 집이 주인의 생활 방식을 예측하고 그에 따라서 행동할 것입니다.

임베디드 매트리스

하드웨어의 가격이 점점 낮아지고 있습니다. 3만 원짜리 아두이노 보드의 처리 능력이 10년 전의 비싼 컴퓨터의 처리 능력과 같다는 점을 생각한다면, 미래에는 더 성능이 좋은 컴퓨터가 저렴한 가격에 나올 거라고 예상됩니다. 마이크로컨트롤러를 저렴한 임베디드 센서와 조합하면 집은 정보 교환으로 바빠질 것입니다. 집을 비우면 집은 자동으로 전원을 내리고 가스와 전력 소모가 최소한으로 유지되도록 관리할 것입니다. 잠을 자러 가면 침대에 장착된 압력 센서가 주인이 편하게 자는지를 파악해서 아침에 그에 적합한 알람을 사용할 것입니다. 방문에 센서를 달아서 이동 패턴을 파악하고, 가전 기기와 전등을 자동으로 켜고 끌 수도 있습니다.

예를 들어, 주인이 매일 아침 6시에 일어나서 샤워하고 30분 뒤에 커피 한 잔을 하기 위해서 부엌으로 간다는 사실을 집은 알 수 있습니다. 알람 시계를 울리고 나서 샤워기가 자동으로 틀어지고, 주인이 샤워할 때 즈음이면 물이 적당히 데워집니다. 옷을 입는 동안 커피가 내려지고 있고, 부엌에 도착할 즈음이면 완성이 됩니다. 토요일에는 아침 8시까지 잔다는 사실을 알고 있기에 알람을 울리지 않을 것입니다. 대신, 아침 걷기 운동을 위한 준비를 합니다. 이 상황은 이 책에서 다룬 오늘날의 기술을 가지고도 프로그래밍할 수 있습니다. 다만, 하드웨어 가격이 충분히 저렴해지고 클라우드 기술도 발달하고 인터페이스들의 표준화가 잘 된다면, 많은 수의 사람들이 이런 식의 가정 자동화를 만날 수 있겠지요.

11.3 미래의 집

여타 열정적인 과학 기술 분야 전문가처럼, 저는 실현 가능한 기술의 미래를 상상하는 게 즐겁습니다. 하지만 실용적인 개발자의 입장에서 생각해 보면, 이러한 상상은 하룻밤 만에 이루어지지 않는다는 사실을 압니다. 기

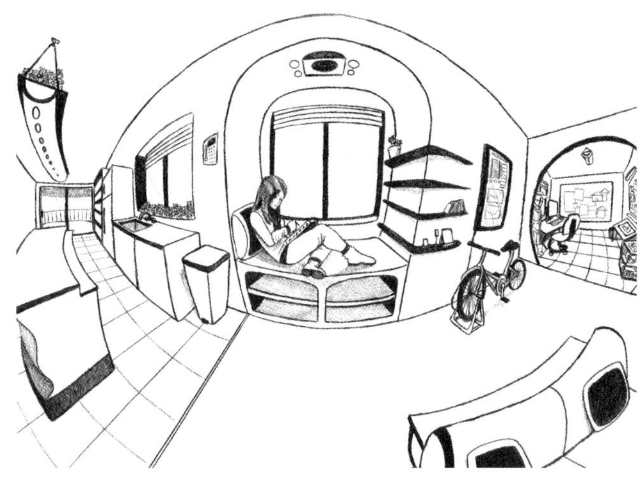

술의 발전에는 연계된 분야의 단계적인 성장이 필요합니다. 그러다가 어느 순간 이 모든 기술의 발견과 발전이 모여서 역사의 흐름을 바꿉니다.

저는 제 인생을 살아오면서 주요 기술 혁명을 3가지나 경험하는 행운을 누렸습니다. 첫 번째 혁명은 1980년대 개인용 컴퓨터의 도입과 급격한 발전입니다. 두 번째 혁명은 1990년대 인터넷의 폭발적인 성장입니다. 세 번째 혁명은 21세기 들어서 모바일 기기의 혁명입니다.

기술은 응집되고 있습니다. 클라우드 컴퓨팅, 손바닥만한 크기의 인터넷과 연결된 슈퍼컴퓨터, 저렴한 네트워크와 연결된 임베디드 센서, 자율통제, 저렴한 저장장치, 빠른 처리속도는 우리를 또 다른 정보 처리의 영역으로 이끌어 나갈 것입니다. 이 모든 기술 개발과 정보가 합쳐진 세상에서 사는 사람의 모습을 그림 51 '더 똑똑한 집, 약 2025년'으로 표현해 보았습니다.

온종일 일하고 집에 돌아온 멜은 휴대전화로 자동 현관문을 작동시키고, 현관문은 이벤트 로그를 남기며 촬영된 그녀의 사진을 클라우드 서버에 저장합니다. GPS 위치 좌표를 기반으로 해서 멜의 휴대전화는 집에 도착하기 20분 전에 HVAC시스템에게 냉방 장치를 켜도록 명령했습니다. 그녀가 집에 도착할 즈음에 실내 온도는 그녀가 아침에 떠나기 전과 같이 시원한 상태였습니다.

현관문 앞에는 휴지 보관통이 남은 휴지의 잔량이 부족하다고 판단해서 자동으로 주문했던 휴지가 담긴 소포가 하나 와있습니다. 배달 완료 메시지를 받은 휴지통의 휴지 잔량은 자동으로 초기화되었고, 한동안은 주문할 일이 없을 것입니다.

그녀는 냉장고가 추천해서 구매한 물품을 담은 장바구니를 옮기고 있습니다. 냉장고 속에 내장된 센서가 토마토가 상하기까지 하루 정도밖에 여유가 없다는 것을 발견하고 보고해서, 멜은 몇 가지 재료를 더 챙겨서 스파게티 소스를 만들기로 정합니다.

스파게티를 요리하기 위해서 냄비에 물을 채우자 수도꼭지에 장착된 센서가 물이 오염되지 않았는지 확인합니다. 만일 문제가 발견되면 수도공사에 이 문제에 대한 메시지가 자동으로 발송됩니다.

저녁 식사를 마친 후, 멜은 그녀의 실내용 자전거 시뮬레이터를 사용해 운동하기로 결심합니다. 그녀는 평소 이 시간대에 친구들과 함께 초원길 코스를 달립니다. 움직임 추적 3D 헤드셋을 쓰고, 좋아하는 음악 목록을 준비한 다음에 페달을 밟기 시작합니다. 헤드셋에는 심장 박동 수, 혈압, 생체 모니터가 턱 끈에 내장되어 있습니다. 그리고 계측된 이 값들은 밀밭이 넘실대는 언덕 풍경 위에 표시됩니다. 자전거를 타기 시작한 지 몇 분 후에 친구의 아바타가 그녀에게 가까이 다가와서 그녀와 대화를 할 수 있을지 물어봅니다. 멜은 그녀와 이야기하면서 30분 정도 자전거를 탑니다. 자전거를 타고 나서 둘은 페달을 밟아서 전기를 생산한 보상으로 각자 에너지 점수를 200점씩 받습니다.

황혼이 다가오면서 창틀에 설치된 CdS센서가 커튼을 작동시키면서 집안의 광량을 조절합니다. 그리고 방안에 설치된 움직임 감지 센서를 작동시킵니다. 이제 더는 전등 스위치를 일일이 켜고 끄거나 실수로 사람이 없는 방의 불을 켜놓는 실수를 하지 않습니다. 손님이 방문하는 경우에는 전등 조작을 수동으로 할 수도 있지만, 평소의 움직임 감지 센서는 사람이 없는 경우에 자동으로 전등을 끌 것입니다. 이 효과적인 전등 관리 전략은 전력을 아끼는 데 큰 이바지를 합니다.

잘 준비를 하면서 TV에게 친구들이 추천한 새로운 비디오를 목록으로 만들어 달라고 부탁합니다. 음성 명령 기능은 콘텐츠 소비 기기의 필터링 알고리즘과 말하는 사람을 구별해내는 기술이 발전하면서 기본적으로 탑재되었습니다. 비디오가 차례대로 재생되는 동시에 그녀의 온라인 상태, 메시지 목록, 일기 예보, 일정표를 TV에게 물어봐서 불러올 수 있습니다. 내일은 온난 전선이 올 것으로 예상이 되기 때문에 멜의 옷장은 옷걸이에 박힌 RFID 센서로 옷의 종류를 구분하고, 자동으로 적당한 옷차림을 정렬해 둡니다. 내일은 맑고 햇볕이 강한 날일 겁니다.

미래의 일상생활을 예상해 본 시나리오를 즐겁게 감상했나요? 미래가 오기를 기다리기보다는 미리 미래를 만들어 보고자 한다면 지금 현재 존재하는 기술로 앞서 예상한 미래의 일상생활을 재현할 수 있습니다.

효율적인 기술을 쉽게 실행할 수 있는 환경과 효과적인 판매와 마케팅 방법, 그리고 적당한 때가 제대로 맞아떨어졌을 때 누군가 이러한 미래의 시나리오를 실제로 적용시켜서 우리가 집과 상호작용하는 방법을 바꿔놓을지도 모릅니다. 그 사람이 바로 당신일 수도 있습니다!

## 12장

추가 프로젝트 아이디어

프로젝트를 진행해 오면서 기초를 다져놨으니, 이제 스스로 프로젝트를 제작할 수 있을 것입니다. 이 마무리하는 장은 여태까지 사용해 왔던 하드웨어들을 재사용해서 진행할 수 있는 다른 프로젝트를 가볍게 소개합니다.

이 책에서 나오는 모든 프로젝트를 진행했다면 이 장에서 다루는 아이디어들을 실현하기 위한 하드웨어들은 준비되어 있을 겁니다. 이전 프로젝트의 코드를 재활용해서 약간의 수정만 하면 새로운 프로젝트에 적용할 수 있습니다. 더 많은 가정 자동화 프로젝트를 알아봅시다.

12.1 잡동사니 감지기

매번 청소해도 항상 어질러 놓는 배우자나 아이들, 혹은 동거인이 있나요? 빈자리에 신문, 편지봉투, 빈 상자, 구겨진 옷, 포장재 등이 저절로 쌓이는 것 같지는 않나요? 만일 그렇다면, 전자기기를 다뤘던 경험을 활용해서 적외선 거리측정 센서[1]를 사용한 감지기를 만드는 것을 추천합니다.

센서를 빈자리에 조준해서 '깨끗한 영역'의 거리 값을 측정합니다. 잡동사니가 쌓이기 시작하면 센서가 감지하는 거리 값이 줄어듭니다. 이때, 잡동사니를 자꾸 가져다 놓는 당사자에게 잡동사니를 치우라는 이메일 메시지를 보냅니다. 이메일의 알림 주기는 사용자가 바라는 대로 조절할 수 있습니다. 그리고 잡동사니가 치워졌을 때, 잡동사니를 치워줘서 고맙다는

1　http://www.adafruit.com/products/164

내용의 이메일을 보낼 수도 있습니다.

12.2 전기 사용량 모니터링

에이다프루트의 Tweet-A-Watt[2]과 같은 원리를 사용해서 냉장고나 TV 같은 가전제품이 소모하는 전력 소비량을 감지합니다.

몇몇 전기 공급 회사는 고객들의 전력 소비량을 월 단위로 정리해서 제공합니다. 웹페이지로 접속해서 한 달에 가전제품이 얼마나 많은 전력을 소모하는지 알아보세요. 그리고 그 달의 전기 요금을 가지고 월/일/시간 단위로 가전제품을 가동하는 데 드는 전력량을 계산해 봅니다. 몇 시간밖에 시청하지 않은 TV가 소모한 전력량과 세일 기간에 구매한 냉장고가 수명을 다할 때까지 소모하는 전력량을 알게 된다면 놀라울 것입니다.

12.3 전자 허수아비

채소 텃밭을 자꾸 망쳐놓는 동물들 때문에 골머리를 앓고 계신가요? 현명한 대처 방법으로 이러한 문제를 해결합시다. 가만히 서 있는 비효율적인 허수아비를 몇 개의 서보모터와 움직임 감지 센서로 쓸모 있게 만들어 봅시다. 채소를 갉아먹기 위해서 토끼가 오면 허수아비의 센서가 동물을 감지하고, 서보모터는 허수아비의 팔다리를 흔들게 해서 토끼를 쫓을 것입니다. 허수아비의 머릿속에 안드로이드 스마트폰을 넣어 두어서 동물의 사진을 찍고, 이메일로 첨부해 보내도록 합니다.

---

2 http://www.adafruit.com/products/143

12.4 여가 시스템 리모컨

'웹과 연결된 전원 스위치' 프로젝트에서 사용했던 레일스 서버[3]를 개량해서, 시리얼 포트를 통해서 연결된 아두이노가 적외선 LED로 신호를 보낼 수 있도록 합니다. 마이크 슈미트의『나의 첫 아두이노 프로젝트』에 나와 있는 방법대로 아두이노 기반의 적외선 발신기를 제작합니다. 그리고 TV, 스테레오 시스템 등의 적외선으로 조작이 가능한 여가 시스템들 앞에 발신기를 배치합니다. 그 뒤에, '안드로이드 문단속 장치' 프로젝트와 같이 사용자 친화적인 iOS나 안드로이드 클라이언트, 혹은 다른 클라이언트를 사용하는 인터페이스를 제작하여 사용합니다.

12.5 집 전원 차단 타이머

TV를 보다가 잠들어버리는 가족이 있나요? 서재에 있는 데스크톱 컴퓨터의 전원을 끄는 것을 잊었나요? 창고 불을 끄는 것을 잊었나요? 그렇다면 모두가 잠을 잘 때 전등과 가전제품과 컴퓨터의 전원을 끄는 스크립트를 작성합니다. 컴퓨터가 Wake-On-LAN(WOL) 기능을 지원한다면 스크립트에서 셧다운 패킷을 보내면 됩니다. 전등은 X10 heyu 명령으로 끄고, TV와 스테레오 시스템은 '여가 시스템 리모컨'으로 끕니다. PowerSwitch Tail과 연결된 모든 가전제품의 전원을 끕니다. 이로써 잠을 자는 사이에 돈을 절약하고 탄소 배출량도 줄여서 지구를 지킬 수 있습니다.

12.6 습도 센서를 장착한 스프링클러 시스템

아두이노에 DHT22 온습도 측정 센서[4]와 수도꼭지를 작동시키는 스테퍼

3　http://www.adafruit.com/products/387

모터를 장착합니다. 일정 시간 이상 동안 온도가 높고 습도가 낮은 상태가 감지된다면, 스테퍼 모터가 수도꼭지를 개방할 것입니다. 물을 10분 동안 틀고 다시 수도꼭지를 잠급니다. 여기서 1리터 물통을 수도꼭지로 채우는 데 걸리는 시간을 측정하고, 그 값을 계산해서 10분 동안 사용된 물의 양을 측정합니다.

예를 들어, 만일 1리터 물통을 채우는 데에 30초가 걸린다면 10분 동안 스프링클러를 작동시키는 것은 20리터를 소모한다는 뜻입니다. (분당 2리터 × 10분) 이 기록을 Xbee와 PC의 조합으로 저장해 두고, 한 달 동안 잔디밭에 물을 주는 데에 얼마나 많은 물을 사용하는지 예상할 수 있습니다. (5장 「트윗하는 새 모이 그릇」 프로젝트를 활용한 것입니다.) 이렇게 정확한 계측치와 수도 요금을 알면 실시간으로 잔디에 물을 주는 데 드는 비용을 계산할 수 있습니다.

12.7 네트워크에 연결된 화재 감지기

화재 감지기는 생명을 구하고 재산상의 피해를 줄이는 데 큰 도움을 줍니다. 하지만 집에 아무도 없을 때 화재 경보가 울린다면 어떻게 될까요? 관련 지식이 있다면, 화재 감지기 기판에 전선을 달아서 알람이 울릴 때의 전압 변화를 측정할 수도 있습니다. 다만, 전선을 부착하는 개조 작업은 화재 감지기의 품질 보증을 무효화시킬 수 있고, 제대로 작동하지 않아서 사람의 목숨이 위험해지는 상황을 초래할 수도 있습니다. 그러므로 화재 감지기의 기판에 직접 납땜하지 않고, 아두이노에 마이크와 XBee 모듈을 장착해 사용할 수도 있습니다. 화재 감지기의 알람이 울릴 때 마이크가 그 소리를 감지하고, Xbee가 PC로 해당 이벤트를 전달합니다.[5] 그리고 PC는 긴급

---

4   https://www.adafruit.com/products/385
5   https://www.sparkfun.com/products/9964

이메일로 집주인에게 비상상황을 알립니다. 9장 「안드로이드 문단속 장치」 프로젝트에서 사용했던 안드로이드 서버를 수정해서 화재 감지기가 작동한 구역의 사진을 찍어서 전송하게 할 수도 있습니다.

이 경보 기능으로 하여금 이웃에게 전화를 걸어서 미리 녹음한 목소리로 집을 살펴보고 전화해 달라고 요청할 수도 있습니다. (이메일을 받지 못하는 때를 대비해서) 그리고 정말로 이 시스템이 정확하다고 확신한다면, 일정 시간 내에 경보를 해제하지 않으면 자동으로 소방서에 신고하도록 설정할 수도 있습니다. (허위 신고는 벌금을 물게 될 수도 있습니다.) 어떤 기능을 추가하든지 간에 이 화재 감지기는 인터넷에 연결한 이상, 전 세계 어디든지로 경보를 전달할 수 있습니다.

12.8 자동 차고 문 개폐기

차고에 GPS가 켜진 스마트폰을 가지고 접근한다면, 휴대전화기가 차고 문을 열도록 요청을 합니다. 이 요청은 아두이노와 XBee 조합의 하드웨어로 전달되고, 하드웨어와 연결된 차고 문 개방 리모컨이 작동하여서 차고 문이 열리게 됩니다.

GPS 기능을 빼고 보면, iOS 나 안드로이드 기반의 스마트폰을 사용해서 차고 문을 여는 프로젝트는 매우 인기 있는 프로젝트이기 때문에 유투브에 관련 영상이 아주 많습니다. 차고는 고정된 위치에 있기 때문에 GPS로 측정한 위도/경도/고도 값은 변하지 않을 것입니다. 7장 「웹과 연결된 전원 스위치」 프로젝트에서 작성한 레일스 서버와 스마트폰 애플리케이션을 변경해서, GPS 위치 정보를 기반으로 차고 문을 자동으로 열리고 닫히게 하는 시스템을 제작하는 작업은 어렵지 않을 겁니다.

12.9 스마트 HVAC 컨트롤러

냉방기와 난방기를 스마트 온도 조절 시스템으로 제어하게 합니다. 온도
제어 장치가 시간표에 맞추어서 온도를 조절하거나, 원격으로 조절할 수
있도록 제작할 수 있습니다. The Ben Heck Show의 진행자인 벤 헤켄던[Ben
Heckendorn]은 가정 자동화를 주제로 한 방송에서 자동 온도 조절 시스템 프로
젝트[6]를 선보였습니다. 저는 벤이 온도 조절 시스템의 내부 회로를 건드리
지 않고서 작업한 방식을 좋아합니다. 이 방식은 8장 「커튼 자동화」 프로
젝트에서 사용한 부품을 사용하여서 제작하고 해체하기가 쉽습니다.

12.10 스마트 우편함

이 프로젝트도 온라인에 많은 연관 글과 동영상이 많은, 인기 있는 가정 자
동화 프로젝트 중 하나입니다. 간단하게 5장 「트윗하는 새 모이 그릇」 프
로젝트에서 사용한 하드웨어를 재사용할 수 있습니다. 우편함 뚜껑이 열
리는 순간 들어오는 빛을 CdS 센서가 감지하고, 그 이벤트를 트위터나 이
메일로 발신하도록 제작하는 것으로 이 프로젝트는 완성됩니다. 여기서
10장 「말하는 집」 프로젝트를 적용해서 음성으로 "You've Got Mail!(편지
가 왔습니다)"이라고 말하도록 할 수도 있습니다.

12.11 스마트 전등 관리 시스템

7장 「웹과 연결된 전원 스위치」 프로젝트보다 더 개량된 프로젝트로, 집안
전체의 전등을 관리하는 시스템을 구축합니다. 이 시스템은 움직임 감지
센서로 창고, 화장실, 침실의 전등을 제어하도록 합니다. 또한, 전등이 켜

6　http://revision3.com/tbhs/homeauto

지고 꺼지는 기록을 저장해 매달 사용하는 총 전력량 중에서 전등이 소모하는 전력의 비중을 알 수 있게 해줍니다.

12.12 태양광/풍력 발전 모니터링

가정에 설치된 태양광과 풍력 발전기가 전력 사용량의 일부를 부담해 주는 집에서 살고 있다면, 아두이노/XBee/컴퓨터의 조합으로 발전기들이 생산해 내는 발전량과 발전기들이 생산해 낸 전력을 보관하는 배터리의 충전 현황을 모니터링할 수 있습니다.

배터리의 축전량이 설정된 한계 값 이하라면 주인에게 이메일로 알림을 보내게 합니다. 또한, 충전 상황을 시간대별로 기록해서 월 단위로 축전량의 변동 값을 알 수 있도록 합니다. 이렇게 모인 데이터는 연 단위의 에너지 발전량을 예측할 수 있도록 해 줍니다.

본인도 자랑스러워 할 정도의 가정 자동화 프로젝트를 제작했다면, 다른 독자들과 해당 프로젝트를 이 책의 포럼에 공개하여 아이디어와 발견을 공유했으면 합니다. 그럼, 온라인에서 뵙겠습니다.

3부

부록

아두이노 라이브러리 설치

아두이노의 제일 큰 장점은 아두이노가 오픈 하드웨어 플랫폼이라는 점입니다. 누구나 하드웨어나 소프트웨어 라이브러리를 수정할 수 있습니다. 이 라이브러리들은 아두이노의 작동성을 확장시키기 위해 아두이노 코드에 손쉽게 사용할 수 있습니다. 또한 코드 작성을 손쉽게 하기 위해 개인이 수정하는 일도 가능합니다.

이 책에서 다루는 몇몇 프로젝트는 아두이노 라이브러리의 혜택을 누립니다. 다만 안타깝게도, 새로운 아두이노 라이브러리를 설치하는 작업은 스크립트를 실행하는 것과는 다르게 수동으로 진행해야 합니다. 라이브러리 파일은 대개 .zip 상태로 압축되어서 배포됩니다. 라이브러리를 사용하기 위해서는 압축을 풀고 아두이노의 libraries 폴더에 집어넣어야 합니다. libraries 폴더의 위치는 아두이노 IDE가 실행되는 운영체제마다 다릅니다.

애플 OS X

1. /Applications 폴더 안에 있는 아두이노 아이콘을 찾아냅니다.
2. 키보드의 컨트롤 키를 누른 상태에서 아두이노 아이콘을 누릅니다. 이는 문맥 인식 메뉴를 띄웁니다.
3. 메뉴 창에서 '패키지 내용 보기' 옵션을 선택합니다. 이는 아두이노 애플리케이션 자원을 포함한 폴더를 엽니다.
4. Contents/Resources/Java/libraries 폴더로 갑니다.
5. 새로운 라이브러리 파일을 libraries 폴더로 복사합니다.

라이브러리 파일은 원한다면, 홈 디렉터리의 Documents/Arduino/
libraries에도 배치할 수 있습니다.

리눅스

1. 아두이노 애플리케이션 파일을 풀어둔 곳을 찾습니다.
2. libraries 폴더로 갑니다.
3. 새로운 라이브러리 파일을 libraries 폴더로 복사합니다.

윈도

1. 아두이노 애플리케이션 파일을 풀어둔 곳을 찾습니다.
2. libraries 폴더로 갑니다.
3. 새로운 라이브러리 파일을 libraries 폴더로 복사합니다.

라이브러리 파일을 올바른 위치로 복사한 뒤에, 라이브러리를 인식시키기 위해서 아두이노 IDE를 재시작 합니다.

부품 구하기

B-1. 부품 구매처

프로젝트들을 진행하기 위해서는 많은 공구와 부품이 필요합니다. 처음으로 프로젝트를 진행하면서 DIY를 하는 사람에게는 고가의 공구나 부품을 구입하는 것이 부담이 될 수 있을 것이라고 생각됩니다. 인두기와 니퍼와 같은 자주 사용되는 몇몇 공구를 제외한다면, 저렴한 부품이나 공구를 구입하여도 큰 문제가 없습니다. 인두기의 경우에는 너무 저가의 인두기는 금세 망가지니, 1~2만 원 이상의 인두기를 구매하는 것을 추천합니다. 또한, 니퍼의 경우에도 날이 쉽게 무뎌지는 1~2천 원짜리 제품보다 5천 원 이상의 제품을 추천합니다.

부품을 구입하는 경우, 한 개의 인터넷 쇼핑몰에서 전부 다 구하는 일은 쉽지가 않기에, 여러 쇼핑몰을 찾아다니며 필요한 부품을 개별적으로 구매해야 할 수도 있습니다.

다음은 공구와 부품들을 구입할 수 있는 곳입니다

다이소

다이소의 공구 코너에서는 저렴한(다만, 품질이 아주 뛰어나진 않습니다) 공구들을 판매합니다. 공구 가격이 부담되는 DIY에 입문하는 초심자들이 필요한 공구들을 구입하기에 괜찮습니다. 또한, 완성된 프로젝트 하드웨어를 수납하기 좋은 작은 플라스틱 상자들을 구입하기가 편합니다.

대형마트

대형 마트의 공구 코너에서도 다이 소보다는 상대적으로 비싸지만, 여전히 저렴한 가격으로 다양한 공구와 재료들을 구입할 수 있습니다.

용산 전자상가

여러 가지 전자부품을 한 번에 구입하려면 용산으로 나가는 방법이 가장 좋습니다. 용산 전자랜드 지하 1층 광장이나, 지상 대로변 주변 상가에는 부품과 공구를 파는 상점이 많습니다. 여러 상가들을 발품을 팔면서 필요한 부품을 취급하는 곳을 찾기가 난감할 수도 있으나, 상가 분들이 반겨주시면서 여러 가지 팁이나 조언들을 종종 해주시기도 하니 즐거운 경험이 될 수도 있습니다. 매장에 부품이 진열되어서 고르는 매장이 드무니, 필요한 부품 번호나 용도, 규격 등을 메모해서 들고 가는 것이 빠른 시간 내에 필요한 부품을 구입하는 데 좋습니다.

전파상, 철물점

공구나 부품들을 주변에 있는 전파상이나 철물점에서도 손쉽게 구할 수 있습니다.

인터넷 오픈마켓

11번가, 옥션, 지마켓 등의 인터넷 오픈마켓에서는 다양한 물품을 판매합니다. 해외 구매로 e-bay를 포함시키면 구하지 못하는 부품이 거의 없습니다. 오픈마켓에서 판매하는 공구나 부품은 가격을 비교하기가 손쉬우며, 신용이 보장되어서 원하는 물품을 안전하게 구할 수 있습니다.

인터넷 부품/공구 쇼핑몰

국내에서 비교적 규모가 있고, 다양한 공구와 부품을 판매하는 쇼핑몰로는 다음과 같은 사이트를 꼽을 수 있습니다.

- 엘레파츠 http://www.eleparts.co.kr
- 디바이스 마트 http://www.devicemart.co.kr
- IC뱅크 http://www.icbanq.com
- 플러그하우스 http://www.plughouse.co.kr/shop/
- 툴파츠 http://www.toolparts.co.kr/

이 책에서 주로 다루는 아두이노 기판이나 센서와 같은 관련 물품은 아래의 아트로봇에서 거의 전부 구할 수 있습니다.

- 아트로봇 http://www.artrobot.co.kr/

B-2. 국내에서 구하기 힘든 부품

- Smarthome 12VDC 전자식 잠금장치: 국내에서 수급할 수 있는 유사 부품은, 일본에서 제작한 edm-103이라는 제품입니다. 다만, 보안업체에서 취급하는 물품인지라 13만 원 이라는 고가이기에, 아래 링크의 제품을 해외 구매대행 업체를 이용해 구매하는 것을 추천합니다.
  참조 링크: http://www.rflocksystem.co.kr/bbs/board.php?bo_

table=02_16&wr_id=48&page=

- X10 CM11A 액티브 홈 시리얼 컴퓨터 인터페이스, X10 PLW01 표준 벽
  설치형 스위치: 이 두 제품은 대치품이 없고, 국내 판매처가 없는 제품
  입니다. 이베이나 해외 구매대행 업체를 이용해야 합니다.

- PowerSwitch Tail II: 110v 전용이고 해외에서만 구입할 수 있기 때문에,
  대치품으로 220v이면서 한국에서 구입할 수 있는 SSR(Solid State Relay)
  을 찾아보았습니다.
  참조 링크: http://www.artrobot.co.kr/front/php/product.php?product
  _no=290&main_cate_no=&display_group=

다만, 원문과는 살짝 다르게 배선해야 하며(그라운드 선을 사용하지 않
습니다) 220v 배선을 외부로 노출시켜서 작업해야 하기 때문에 실제 작업
내용이 책의 내용과 달라진다는 점을 유의하셔야 합니다.

- 라디오색의 Wireless Lapel Microphone System: 대치품으로 국내의 '사
  운드오션 TS-3310/2채널무선마이크시스템'을 추천합니다. 가격도 7만
  원 대로 본문에서 소개한 제품과 비슷한 가격대입니다.

- Griffin Technology의 iMic: 대치 품으로 'DAMOIL LEAD 3D Sound 5.1
  TIDE 외장형 사운드 카드(2채널)' 혹은 '앱코 S501 DTS'를 추천합니다.
  이 중에서 취향에 맞는 제품을 구매해서 사용하시면 되겠습니다.